中国古代家具

王 俊 编著

中国商业出版社

图书在版编目（CIP）数据

中国古代家具／王俊编著.--北京：中国商业出版社，2015.10（2022.9重印）

ISBN 978-7-5044-8520-5

Ⅰ.①中… Ⅱ.①王… Ⅲ.①家具-介绍-中国-古代 Ⅳ.①TS666.202

中国版本图书馆CIP数据核字（2015）第229247号

责任编辑：常　松

中国商业出版社出版发行

（www.zgsycb.com　100053　北京广安门内报国寺1号）

总编室：010-63180647　编辑室：010-83114579

发行部：010-83120835/8286

新华书店经销

三河市吉祥印务有限公司印刷

*

710毫米×1000毫米　16开　12.5印张　200千字

2015年10月第1版　2022年9月第2次印刷

定价：25.00元

*　*　*　*

（如有印装质量问题可更换）

《中国传统民俗文化》编委会

序　言

中国是举世闻名的文明古国，在漫长的历史发展过程中，勤劳智慧的中国人创造了丰富多彩、绚丽多姿的文化。这些经过锤炼和沉淀的古代传统文化，凝聚着华夏各族人民的性格、精神和智慧，是中华民族相互认同的标志和纽带，在人类文化的百花园中摇曳生姿，展现着自己独特的风采，对人类文化的多样性发展做出了巨大贡献。中国传统民俗文化内容广博，风格独特，深深地吸引着世界人民的眼光。

正因如此，我们必须按照中央的要求，加强文化建设。2006 年 5 月，时任浙江省委书记的习近平同志就已提出："文化通过传承为社会进步发挥基础作用，文化会促进或制约经济乃至整个社会的发展。"又说，"文化的力量最终可以转化为物质的力量，文化的软实力最终可以转化为经济的硬实力。"（《浙江文化研究工程成果文库总序》）2013 年他去山东考察时，再次强调：中华民族伟大复兴，需要以中华文化发展繁荣为条件。

正因如此，我们应该对中华民族文化进行广阔、全面的检视。我们应该唤醒我们民族的集体记忆，复兴我们民族的伟大精神，发展和繁荣中华民族的优秀文化，为我们民族在强国之路上阔步前行创设先决条件。实现民族文化的复兴，必须传承中华文化的优秀传统。现代的中国人，特别是年轻人，对传统文化十分感兴趣，蕴含感情。但当下也有人对具体典籍、历史事实不甚了解。比如，中国是书法大国，谈起书法，有些人或许只知道些书法大家如王羲之、柳公权等的名字，知道《兰亭集序》

是千古书法珍品，仅此而已。

再如，我们都知道中国是闻名于世的瓷器大国，中国的瓷器令西方人叹为观止，中国也因此获得了“瓷器之国”（英语 china 的另一义即为瓷器）的美誉。然而关于瓷器的由来、形制的演变、纹饰的演化、烧制等瓷器文化的内涵，就知之甚少了。中国还是武术大国，然而国人的武术知识，或许更多来源于一部部精彩的武侠影视作品，对于真正的武术文化，我们也难以窥其堂奥。我国还是崇尚玉文化的国度，我们的祖先发现了这种“温润而有光泽的美石”，并赋予了这种冰冷的自然物鲜活的生命力和文化性格，如“君子当温润如玉”，女子应“冰清玉洁”“守身如玉”；“玉有五德”，即“仁”“义”“智”“勇”“洁”；等等。今天，熟悉这些玉文化内涵的国人也为数不多了。

也许正有鉴于此，有忧于此，近年来，已有不少有志之士开始了复兴中国传统文化的努力之路，读经热开始风靡海峡两岸，不少孩童以至成人开始重拾经典，在故纸旧书中品味古人的智慧，发现古文化历久弥新的魅力。电视讲坛里一拨又一拨对古文化的讲述，也吸引着数以万计的人，重新审视古文化的价值。现在放在读者面前的这套“中国传统民俗文化”丛书，也是这一努力的又一体现。我们现在确实应注重研究成果的学术价值和应用价值，充分发挥其认识世界、传承文化、创新理论、资政育人的重要作用。

中国的传统文化内容博大，体系庞杂，该如何下手，如何呈现？这套丛书处理得可谓系统性强，别具匠心。编者分别按物质文化、制度文化、精神文化等方面来分门别类地进行组织编写，例如，在物质文化的层面，就有纺织与印染、中国古代酒具、中国古代农具、中国古代青铜器、中国古代钱币、中国古代木雕、中国古代建筑、中国古代砖瓦、中国古代玉器、中国古代陶器、中国古代漆器、中国古代桥梁等；在精神文化的层面，就有中国古代书法、中国古代绘画、中国古代音乐、中国古代艺术、中国古代篆刻、中国古代家训、中国古代戏曲、中国古代版画等；在制度文化的层面，就有中国古代科举、中国古代官制、中国古代教育、中国古代军队、中国古代法律等。

此外，在历史的发展长河中，中国各行各业还涌现出一大批杰出人物，至今闪耀着夺目的光辉，以启迪后人，示范来者。对此，这套丛书也给予了应有的重视，中国古代名将、中国古代名相、中国古代名帝、中国古代文人、中国古代高僧等，就是这方面的体现。

生活在21世纪的我们，或许对古人的生活颇感兴趣，他们的吃穿住用如何，如何过节，如何安排婚丧嫁娶，如何交通出行，孩子如何玩耍等，这些饶有兴趣的内容，这套"中国传统民俗文化"丛书都有所涉猎。如中国古代婚姻、中国古代丧葬、中国古代节日、中国古代民俗、中国古代礼仪、中国古代饮食、中国古代交通、中国古代家具、中国古代玩具等，这些书籍介绍的都是人们颇感兴趣、平时却无从知晓的内容。

在经济生活的层面，这套丛书安排了中国古代农业、中国古代经济、中国古代贸易、中国古代水利、中国古代赋税等内容，足以勾勒出古代人经济生活的主要内容，让今人得以窥见自己祖先的经济生活情状。

在物质遗存方面，这套丛书则选择了中国古镇、中国古代楼阁、中国古代寺庙、中国古代陵墓、中国古塔、中国古代战场、中国古村落、中国古代宫殿、中国古代城墙等内容。相信读罢这些书，喜欢中国古代物质遗存的读者，已经能掌握这一领域的大多数知识了。

除了上述内容外，其实还有很多难以归类却饶有兴趣的内容，如中国古代乞丐这样的社会史内容，也许有助于我们深入了解这些古代社会底层民众的真实生活情状，走出武侠小说家加诸他们身上的虚幻的丐帮色彩，还原他们的本来面目，加深我们对历史真实性的了解。继承和发扬中华民族几千年创造的优秀文化和民族精神是我们责无旁贷的历史责任。

不难看出，单就内容所涵盖的范围广度来说，有物质遗产，有非物质遗产，还有国粹。这套丛书无疑当得起"中国传统文化的百科全书"的美誉。这套丛书还邀约大批相关的专家、教授参与并指导了稿件的编写工作。应当指出的是，这套丛书在写作过程中，既钩稽、爬梳大量古代文化文献典籍，又参照近人与今人的研究成果，将宏观把握与微观考察相结合。在论述、阐释中，既注意重点突出，又着重于论证层次清晰，从多角度、多层面对文化现象与发展加以考察。这套丛书的出版，有助于我们走进古人的世界，了解他们的生活，去回望我们来时的路。学史使人明智，历史的回眸，有助于我们汲取古人的智慧，借历史的明灯，照亮未来的路，为我们中华民族的伟大崛起添砖加瓦。

是为序。

傅璇琮

2014年2月8日

前　言

在博大精深宛如璀璨繁星的中国历史文化长河中，有许多令人瞩目、让世人叹为观止的文化形态，其中便包括源远流长的中国古代家具文化。中国古代家具的历史可以追溯到公元前 17 世纪，距今约有 3600 年的商朝。由于受民族特点、风俗习惯、地理气候、制作技巧等不同因素的影响，中国古代传统家具走着与西方家具迥然不同的道路，形成一种工艺精湛、不轻易装饰、耐人寻味的东方家具体系，在世界家具发展史上独树一帜，具有东方艺术风格特点。中国古代家具深深地影响着世界家具以及室内装饰的发展。

随着历史的发展以及人们生活方式的改变，中国传统家具经历了自商、周至三国间由跪坐的矮型家具，到隋、唐经五代至宋而定型的垂足而坐的高型家具的演变过程，又经过五六百年的不断发展和完善，到明末清初终于达到了前所未有的艺术与技术巅峰。可以说，中国古代家具历史悠久，自成体系，具有强烈的民族风格。无论是笨拙而神秘的商周家具、浪漫而神奇的矮型家具（春秋战国秦汉时期）、婉雅而秀逸的渐高家具（魏晋南北朝时期）、华丽而润妍的高低家具（隋唐五代时期）、简洁而隽秀的高型家具（宋元时期），还是古雅而精美的明式家具、雍容华贵的清式家具，都以其富有美感的永恒魅力受到中外人士的钟爱和追求。中国古代家具尤其是被誉为中国古代家具奇葩的明清家具深深地影响着世界家具的发展。

几千年间中国古代家具的发展演变，折射出历代的社会生产、生活习俗、工艺水平、审美情趣的变迁。我们通过探究其发展历程，可以清晰地了解中国历史与文化。可以说，一部中国古代家具史，是一部“木头构造的绚丽诗篇”，也是一部浓缩的中国文化史，是灿烂辉煌的中华文明的重要组成部分。

本书把古典家具按朝代分为8个时期。即商周时期的家具、春秋战国时期的家具、秦汉三国时期的家具、魏晋南北朝时期的家具、隋唐时期的家具、宋元时期的家具、明代家具和清代家具。按家具种类可分为4类，即坐卧类家具、承置类家具、储藏类家具和陈设类家具，如席、几、俎、禁、凭、案、榻、墩、盒、箱、床、凳、屏、架、橱、桌、椅……可以说，古代家具的8个时期，4个种类，构成了一幅古代家具发展的历史画卷，让我们慢慢去品味！

中国是世界上最古老、文化传统最悠久的国家之一，在其漫长的历史过程中，创造出了灿烂辉煌的民族文化。其中家具文化作为这个艺术宝库中的重要组成部分，几千年来，通过祖先们的劳动创造，逐步形成了一段段各具风格特色的独特形式。对历代家具的研究，会使我们从一个侧面了解当时的生产发展、生活习俗、思想感情以及审美情趣等。仔细阅读本书，我们就会发现其中的奥妙！

目录

第一章　绚丽诗篇——古代家具

第二章　古朴浑厚的低矮型家具

第一章

绚丽诗篇——古代家具

维持人类正常生活的基本要素是衣、食、住、行，而进食和休息是人类得以生存的本能。最初的家具首先是人类的作息用具。家具的出现与人类的居住方式密切相关，有“房子”才有“家”，有“家”才有家具。中国古代家具主要有席、床、屏风、镜台、桌、椅、柜等。在本章，就让我们一起去认识一下古代家具。

第一节 走近古代家具

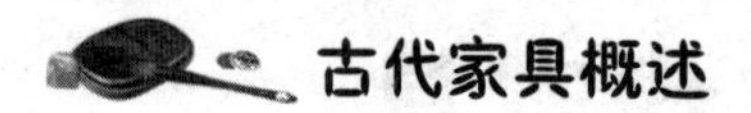

古代家具概述

中国的家具工艺具有悠久的历史，它的发展取决于人们起居方式的变化。从商周到秦汉，是以席地跪坐的方式为中心的家具；从魏晋到隋唐，是席地坐与垂足坐并存交替的家具；北宋以后，是以垂足坐为中心的家具。总的趋势是矮型家具向高型家具发展。

有关家具的文字记载，早在殷商时期就已经出现，如《易经》载："巽在床下，用史巫纷若。"可见当时床已问世。又如甲骨文中，"林"字的偏旁"片"，《说文解字》释为"判木为片，即制木为板"，无疑木片就是。实物则有青铜器中的俎与禁等。俎用以放置祭祀的牛羊，从外形和用途来看，它应是几、案、桌等家具的雏形。禁是稍高的平台，其上存放酒器，可谓家具中箱、橱、柜的母体。至春秋战国时期，家具种类丰富多了，有俎、几、案、床、屏风、架、箱等。古时无桌，用案盛食，供人进餐，几为凭倚之具，屏风既有八尺屏风可超可越，又有彩绘木雕小座屏。河南信阳楚墓出土的彩绘大床，是中国现存古代家具中罕见的珍品。秦汉时的起居方式以床榻为中心，从当时的壁画、画像砖中可知，床榻不只限于睡眠之用，办公议事、聚餐会友等都在床榻上进行。它们之间的区别是，床略比榻高且宽。案的样式有方有圆，尺寸上也有长短之分。几的作用由单纯凭靠向放置榻前移动，逐步与

案趋于统一。壁画上还出现了从西域传到中原来的胡床，《益都耆旧传》中有“踞胡床，垂足而坐”之说。另有一种立柜，外形似带矮足的箱子，门向上开，有一定容量，是从仓房的橱发展变化而来的。

魏晋南北朝时期，仍以席地而坐的生活方式为主，但也出现侧坐及向后靠背坐等方式，所以家具也随之而变化，开始出现一些新兴高型坐具，意味着向垂足坐过渡。敦煌壁画中可以见到两人并坐的双人胡床，龙门浮雕中有高型坐具筌蹄，用藤草编成，形似束腰长鼓，敦煌285窟西魏壁画《山林仙人》中所坐的椅子是迄今为止所见到的最早的椅子形象。隋唐五代时的起居方式，垂足而坐渐为主流，高型家具逐渐推广。坐具类有西安高元珪墓壁画中的扶手椅，是现知垂足坐椅最早的形象。唐人《执扇仕女》和《宫中图》中绘有圈椅，唐敦煌壁画中垂足坐的长凳更是屡见不鲜，高型坐凳还有粗木小凳和较大的囱足凳，以及腰凳、圆凳等。桌案形式更为多样，唐敦煌壁画《屠房图》中有高型粗木方桌，《宫中图》中有壶门大案。凭几的倚靠功能逐渐由椅背代替。床的形式不断翻新，由低向高变化，由简向繁发展，主要有案形结体和壶门台座两种形式。大者供日间工作、读书以及晚间睡眠用，小者只供一人坐用。唐末、五代间，家具的品种和类型已基本齐全，高型家具已趋完善，家具阵容初具规模，《韩熙载夜宴图》中描绘的家具就有长桌、方桌、长凳，椭圆凳、扶手椅、靠背椅、圆几、大床，屏风等，给我们提供了丰富的资料。实物则有日本正仓院收藏的唐代家具几、床、屏风，衣架、箱、柜等。

至宋代，垂足而坐的起居方式已成为社会的普遍现象，家具特点是尺寸增高，同时为适应新的社会生活需要产生了一批新家具，淘汰了一些与之不适应的老家具。明显增高的家具有衣架、巾架、镜台等，原在床上使用，此时移到了地面。新生家具有《山谷老人刀笔》中记载的折叠桌子、曲足盆架、交足柜和《三顾茅庐图》中的交椅，以及因填词唱曲之需产生的琴桌。此外，还出现了抽屉的记载和形象。《因树屋书影》：“唐临夫做一临书桌子，中有抽屉。”抽屉形象见于河南白沙宋墓二号墓壁画。元代家具多承袭宋代传统，也有新形式。大同冯道真墓壁画中的六足盆架，与河南白沙宋墓壁画里的曲足盆架十分相似。山西永乐宫元代壁画中的桌案、交椅，以及椅下设踏床子，

雅致古屏风

与宋制也大致相仿。与前代不同的家具有山西文水北裕口古墓壁画中的抽屉桌，抽屉位于桌的上部，桌面上摆着提梁壶和碗，表现出蒙古人敦实的风貌。明代家具有自己独特风格，称之谓“明式家具”。品种和式样丰富多彩，按其功能可分为：椅凳类、几案类、橱柜类、床榻类、屏座类、台杂类。清式家具也有其独到之处，总体尺寸比明式要宽、要大，造成稳定、浑厚的气势。样式也多，如新兴的太师椅就有多种式样，至于靠背、扶手、束腰、牙条等新形式，更是层出不穷。装饰华丽，运用雕、嵌、描、堆等多种工艺手段，构成自己的特点，尤其是描金、彩绘，更显出光华富丽、金碧辉煌的效果。

古代家具演变

家具与人类生活息息相关，不同的历史时期有着不同的习俗，因而产生了不同风格的家具。中国自夏、商、周、春秋战国、两汉、三国、西晋、东

晋、南北朝、隋、唐、五代、宋、元、明、清、民国至今，已经具有几千年的历史，在这漫长的历史长河中，随着社会经济和文化的发展，家具风格同样也不断发展变化着。

原始质朴的古家具

距今 3700 年，商代灿烂的青铜文化反映出当时家具在人们生活中的一定地位。从出土的青铜器中，我们可以看到商代人切肉用的“俎”及放酒用的“禁”，由此可以推测出当时室内地上铺席，使用者席地坐或跪坐于席上而使用这些家具的生活场景。

西周之后，从春秋战国直至秦灭六国建立了历史上第一个中央集权的封建国家，是中国古代社会发生巨大变动的时期，也是奴隶社会走向封建社会的变革时期，奴隶的解放促进了农业和手工业的发展，工艺技术得到了很大的提高。春秋时期出现了著名的匠师鲁班，相传他发明了钻、刨、曲尺和墨斗。当时人们的室内生活虽然保持着跪坐的习惯，但家具的制造和种类已有很大的发展。家具的使用以床榻为中心，还出现了漆绘的几、案等凭靠类家具。在家具上有彩绘龙纹、风纹、云纹、涡纹等装饰纹样，在木面上有雕刻工艺，这无疑反映出当时家具的制作技术和髹漆技术水平已相当高超。

华美精巧的唐代家具

西汉时期，经济的繁荣对人们的生活方式也产生了巨大的影响，家具制造也随之发生了很大的变化。如几案的使用功能逐渐统一，且面板逐渐加宽；榻的用途不断延伸，并出现了带有围屏的榻；装饰纹样也出现了绳纹、齿纹、植物纹样以及三角形、菱形、波形等几何纹样。

紫檀多宝柜

两晋南北朝是中国历史上充满民族斗争的时期。由于少数民族进入中原，导致长期以来跪坐礼仪观念转变以及生活习俗的变化。此时的家具由低矮型向高型家具发展，品种不断增加，造型和结构也更趋于丰富完善。东汉末年传入的“胡床”已普及民间。高坐具，如椅子、筌蹄（用藤竹或草编的细腰坐具）、凳等家具的传入，使得垂足而坐的家具得到了进一步发展。人们可坐于榻上，也可以垂足于榻沿。床也有所增高，上部加床顶，床上出现了依靠用的长几、隐囊（袋形大软垫供人坐于榻上时倚靠）和半圆形的凭几，有的床上还使用两折或四折的围屏。随着佛教的传入，装饰纹样也出现了火焰纹、莲花纹、卷草纹、璎珞、飞天、狮子、金翅鸟等丰富多彩的图案。

隋唐时期是中国封建社会发展的一个高峰时期。家具制造业不断发展与壮大，家具的种类也逐渐地丰富了起来，坐具中出现了凳、坐墩、扶手椅和圈椅。床榻有大有小，有的是壶门台形结构，有的是案形结构，桌凳家具中出现了多人列坐的长桌长凳，除此之外，还有柜、箱、座屏、可折叠的围屏等新型家具。由于国际贸易发达，唐代家具所用的材料已非常广泛，有紫檀、黄杨木、沉香木、花梨木、樟木、桑木、桐木、柿木以及竹藤等材料。唐代

家具造型也已达到简明、朴素大方的境地，工艺技术有了极大的发展和提高，装饰方法更是多种多样，如螺钿（在木器上和漆器上用螺壳镶嵌的花纹）、金银绘、木画（唐代创造的一种精巧华美的工艺，它是用染色的象牙、鹿角、黄杨木等制成装饰花纹，镶嵌在木器上）等装饰工艺。这无疑为后代各种家具类型的形成和家具装饰的发展奠定了基础。

知识链接

家具的附属用材断代

在一定程度上，家具的附属用材也可反映家具的制作年代。如家具上使用的大理石与岩山石和广石有些相似，但前者的开采使用远比后两者为早。此外，铁质、白铜饰件一般要早于黄铜饰件。凡有原配的铁质、白铜饰件，形制古朴，且锈花斑驳自然的家具，其制作年代一定较早。

宋代的起居方式已完全进入垂足坐式的时代，同时也出现了很多家具的新品种，如圆形或方形高几、琴桌、小炕桌等家具新形态。家具整体上的结构也有了突出变化，已由梁柱式的框架结构代替了唐代沿用的箱形壶门结构，提高了家具的整体强度。桌面板下面采用了束腰结构，桌椅四足断面除了方形和圆形以外，还出现了马蹄形。在装饰上，宋代家具大量使用线脚装饰，极大地丰富了宋代家具的造型美感。这些结构和造型上的发展变化，无疑为以后的明、清家具风格的形成打下了基础。

明代的家具艺术是在园林建筑的大量兴建中得到巨大发展的。当时的家具配置与建筑有了紧密的联系，在厅堂、书斋、卧室等不同居住环境中出现了“成套家具”的概念，即在建造房屋时要把建筑的进深、开间和使用要求

明清家具带托泥宝座

与家具的种类和式样、尺度等成套地配置。明式家具的种类与宋代家具的种类相比更加齐全，大体上可分为椅凳类、几案类、柜橱类、床榻类、台架类和屏座类六大类。

清朝建立后，清政府对手工业和商业采取了各种压抑政策，限制商品流通，禁止对外贸易，致使明代发展起来的资本主义萌芽受到极大摧残。但是，家具制造在明末清初仍大放异彩，制作技术达到了中国古代家具发展的高峰。到了清代，苏州、扬州、广州、宁波等地已发展成了全国的家具制作中心，并形成不同的地域特色。家具风格也依其生产地不同而分为苏作、广作和京作。清代乾隆以后的家具风格大变，由简洁、俊美转向了烦琐、华贵。特别是宫廷家具，吸收工艺美术的雕漆、雕填、描金等装饰手法使得清代宫廷家具更加富丽堂皇。到了晚清晚期，更加刻意追求装饰，从而忽视和破坏了家具的整体形象，中国古代家具开始走向衰败。1840 年后，中国沦为半殖民地半封建社会，各方面每况愈下，衰退不振，家具行业更是如此。但此时的民间家具仍在追求着以实用、经济为主，继续向前发展。

石器与家具雏形

漫长的石器时代，这一历史进程伴随着人们的劳动度过了人类幼年时期。因为人类早期与石头的关系是十分紧密的，人类赖以生存和发展的最早工具都离不开石器。于是，中国古代有许多有关石头的记载。比如在中国远古时代有一个美丽的传说“女娲补天”。《淮南子·览冥训》云：“往古之时，四极废，九州裂，天不兼覆，地不周载，火爁炎而不灭，水浩洋而不息。猛兽食颛民，鸷鸟攫老弱。于是女娲炼五色石以补苍天，断鳌足以立四极，杀黑龙以济冀州，积芦灰以止淫水。”这位女英雄炼五色石以补苍天，把苍天补好

了。可以想象，在远古时代人类赖以生存和发展的工具是多么离不开石头啊！征服自然人们必须依靠石器。

新石器时代的石锛

当时人们用石工具狩猎，如在山西省汾河岸边丁村遗址，以及山西省雁北地区的许家窑遗址，发现大量石球，大的如柚子，小的如苹果。石球是原始人就地选取各种坚硬石块打制成的，这是一种原始飞旋投掷的狩猎工具。人们还用三棱尖状器切开猎获的动物，如丁村人的大型三棱尖状器。人们开始将狩猎的禽兽放置地上宰杀，到后来为了更加方便，人们将狩猎的禽兽放置在自然石板或石块堆成的台子上进行宰杀，这种器具可算为原始家具的雏形。于是原始家具的起源就与那说不明道不清的石头结下了不解之缘。

原始木作工艺与原始木制家具

原始家具同样也与原始木作工艺有着千丝万缕的联系。中国古代劳动人民，早在距今七八千年前的新石器时代就能制造比较精细的石斧、石锛、石刀和一些骨制工具，并对木材进行加工，最早在狩猎实践中，曾学会了一种把木棒顶端劈开、夹上石片、甩臂投掷的方法，使射程略有增加。距今7000多年前的浙江省余姚县河姆渡遗址木作工艺就十分突出。除木耜、小铲、杵、矛、桨、槌、纺轮、木等工具外，还发现了不少安装骨耜、石斧、石锛等工具的木制把柄，用分叉的树枝和鹿角加工成的曲尺形器柄，叉头下部砍削出榫状的捆扎面，石斧当时捆绑在左侧，石锛则捆扎在前侧。

河姆渡遗址中还盛行一种干栏式建筑，河姆渡遗址出土的许多建筑木构

件上常常凿卯带榫，其中带榫卯的木构件有：柱头、柱脚榫、梁头榫、双凹榫、柱头刀形榫、双叉榫、柱头透卯、带卯孔的转角立柱、企口板、直棂方木，尤其是燕尾榫、带销钉孔的榫和企口板的发明使用，标志着当时木作技术的突出成就。而且许多构件有重复利用的迹象，说明使用木结构已有相当长的历史。后世常见的梁柱相交榫卯、水平十字搭交榫卯、横向构件相交榫卯以及平板相接的榫卯等都已具备，充分证明当时建筑结构已经经历了相当长的发展时期。年代相近的马家滨文化墓葬和良渚文化的许多遗址中，也发现了干栏式建筑遗迹。后来在湖南澧县的彭头山遗址发现了距今9000年的原始木器符牌，其上留有榫眼的痕迹。这些在构筑房屋、制造木工具、修造水井中逐渐成熟的原始木工技术，特别是各种榫卯结构，为制造家具提供了工艺技术方面的条件和借鉴经验。

另外，在长期的生产实践中，我们远古的先民们很早就掌握了漆器性能，用于髹饰器物和建筑物，起到装饰和防腐作用。从考古发现看，在距今7000多年的河姆渡文化遗存中第三层，出土一件瓜棱状敛口圈足木碗，外表有薄层的朱红色涂料，剥落较甚，微显光泽，经鉴定是生漆，这是中国目前迄今所知最早的一件漆器。年代相近的马家滨文化墓葬，也曾发现过表面漆有黑红两色的木器。这时期生漆资源的运用、漆制日用器皿的出现为中国古代木质髹漆家具的出现，提供了保护和装饰的手段，同时也为漆木家具的制作提供了外部条件。

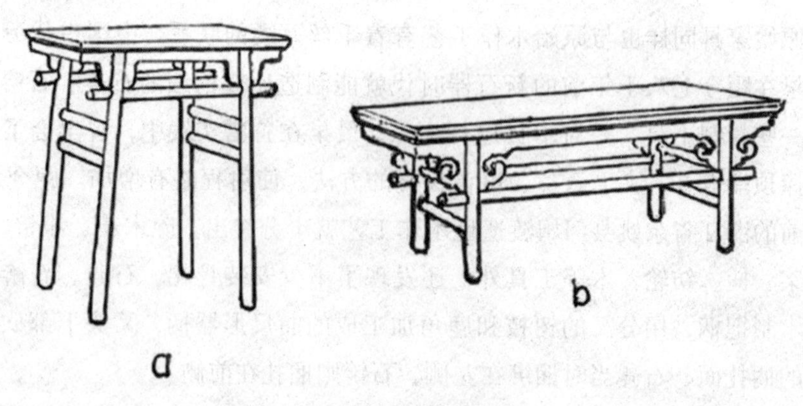

陶寺遗存彩绘木器还原

随着原始社会生产力的发展，手工业逐渐从农业中分离出来，为家具的出现打下了基础。山西省襄汾县陶寺遗址，属于山西龙山文化陶寺类型，在该遗存中，考古发掘了距今4000多年前的目前中国发现最早的木器家具，有案、俎、几、匣等。襄汾陶寺这批木质家具，相当于尧舜夏时期。《韩非子·十过》曾经记载："尧禅天下，虞舜受之，作为食器，斩山木而财之，削、锯修其迹，流漆墨其上，输之于宫以为食器。诸侯以为益侈……舜禅天下，而传之于禹。禹作为祭器，墨染其外而朱画其内，缦帛为茵，蒋席颇缘，觞酌有彩而樽俎有饰。"陶寺大批彩绘木器的出土，证实了尧舜夏时期，舜做黑漆食器，禹做内髹红漆、外髹黑漆的祭器以及制作木器和木器家具的传说。

这些木器家具虽然在地下埋藏了4000多年，木器严重残损，但是考古工作者还是依靠残存的彩绘颜料层得以剔剥出原来的形状，使得这批木质家具重见天日。这批木质家具是用木板经斫削成器。木案、木俎等木器家具的结构和造型，为后世的同类家具奠定了基础。

陶寺类型遗存中出土的这批家具，都施以红、白、黑、黄、蓝、绿等色的彩绘。所用颜料大多是天然矿物，如红色用朱砂，赭色用赤铁矿，黄色用石黄，石青、石绿则可能是孔雀石。但同时出土的木豆，彩绘已脱落，成卷筒状，很像漆皮脱落状，所以不排除为漆绘。陶寺类型遗存出土的这些家具其装饰风格与彩陶类似。这时期家具装饰主要是为了实用的需要，实用的意义往往大于审美的意义。如为提高器物的使用价值，装饰的位置一般都在家具注意视线的接触面，家具上的彩绘装饰主要起表符作用。不过这时已经注意到了一些审美功能，如用色很丰富，已有红、白、黑、黄、蓝、绿等色，并注重颜色的搭配，在红彩底上白绘纹饰，色彩鲜艳，红、白分明。这是目前为止最早的家具形制，但从这些家具成熟程度看，其年代还可以上溯，由此不难推断更为粗糙原始的木质家具，出现的时间应当更早，这些有待于今后考古新发现。这批木质家具的出土，为中国迄今出土最古的家具，不但填补了中国家具史远古时期的空白，还将中国家具历史至少提前了1000年或2000年。

知识链接

原始建筑室内陈设与古老家具“席”

席子，是最古老、最原始的家具，最早由树叶编织而成，后来大都由芦苇、竹篾编成。古人常“席地而坐”，足见席子的应用是很广泛的。

在距今4000多年前的山西省襄汾县陶寺类型居住遗址中也发现了很多小型房址，室内地面涂草拌泥，经压实或焙烧，多数再涂一层白灰面，并用白灰涂墙裙。河南龙山文化一些房子发现了白灰居住面的火土地，在外围还发现了用颜色勾描一圈宽带。这些地面上都铺垫有兽皮或植物枝叶等编织物，不论是南方还是北方，在原始建筑室内的地板上都铺垫有芦席兽皮或植物枝叶等编织物。

历史悠久的席

同时考古发掘证明中国的编织工艺的确起源久远，早在周口店山顶洞人的遗址中就发现了一个磨制精致的骨针。骨针的发明，标志着人们已能缝制简单的织物。当时人们还用竹、藤、柳、草等天然材料编成各种生活用品。它们起源应早于陶器，由于材料易腐烂，所以无法得到原始社会更多的编织遗物，但在半坡和庙底沟新石器遗址出土的陶器上，都发现过印有编织的席纹。特别是在吴兴钱山漾的新石器时代遗址中，出土了大量的竹编，太湖周围是古代所谓“厥贡繁荡”的地区，看来是原始社会竹编的重要生产地。在200多件竹编遗物中，品种很多，其中就有竹席。这些竹

编大都用刮光加工过的篾条，编出人字纹、梅花眼、菱形格、十字纹等花纹。原始编织业为地面铺垫物的制作准备了物质和技术上的条件，然而正是这些地面上的兽皮和植物编织物，成为后代室内离不开的必备家具“席”的前身，它是家具的原始形态之一。当时在日常生活中使用的器物主要是陶器，人们席地而坐，这些器皿放置在地面上使用。席地而坐的习俗在中国的历史上延续的时间很长。

第二节 古代家具常用木材

紫檀家具

紫檀木是制作家具中最为名贵的木材。古代紫檀木的产地一般来自越南等南亚国家，还有中国广东、广西地区，其中因生长周期极长，加上数量有限，自古以来就显得珍贵。细腻的纹理，沉静的色泽，紫檀家具不变形，不易朽的特性，是传世家具中的极品。紫檀具有硬、香、色泽与纹理好的特点，它作为家具中的顶级材料，制造出的紫檀家具在木质纹路、雕刻花纹、图案

紫檀是世界上最贵重的木料之一

和颜色方面极具天然特色。在清代，紫檀木几乎已木料枯竭，因故有一对紫檀椅可换一栋四合院的传闻，可见其珍贵特性。

紫檀的种类有三种：

金星紫檀、鸡血紫檀和花梨纹紫檀。金星紫檀着色紫黑，犹如角质，质地细密，比重大，表面有细小的绞丝纹。

鸡血紫檀的色泽稍浅，质地略疏松，表面有一丝暗红条带。

花梨纹紫檀纹理长，无扭曲纹丝状，比重稍小，色泽稍浅。

中国古代认识和使用紫檀，据说始于东汉末期。但在明清以前，因紫檀木稀少之故，很少能见到以紫檀木打造的大件家具。

清初由于统治者的推崇与提倡，紫檀木开始大量用于家具的制作中。紫檀木那种不喧不噪、色泽深沉、稳重静穆的特性迎合了清代帝王的心理需求，故清代皇室对于紫檀木格外看重。清宫紫檀木家具大多由内务府造办处所制，还有一些是各地督抚进贡的。这些紫檀家具品类繁多，小至屏风炕几，大至桌案、宝座，无所不有。北京故宫博物院内，还保留了相当数量的紫檀家具，它们无一不是制作精美，工艺手法极高。除了造办处所做外，还有不少是各地督抚进贡的。如乾隆三十六年六月二十六日，两江总督高晋贡进：紫檀条案成对，紫檀炕桌成对，紫檀万卷书炕几成对，紫檀香几成对。

黄花梨家具

作为制作家具最为优良的木材，黄花梨有着非凡的特性。这种特性表现为不易开裂、不易变形、易于加工、易于雕刻、纹理清晰而有香味等，再加上工匠们精湛的技艺，黄花梨家具成为古典家具中美的典范，成了“古典家

具之美”的代名词。

黄花梨又名降香黄檀，学名降香黄檀木，又称海南黄檀木、海南黄花梨木。原产地中国海南岛吊罗山尖峰岭低海拔的平原和丘陵地区，多生长在吊罗山海拔100米左右阳光充足的地方。因其成材缓慢、木质坚实、花纹漂亮，始终位列五大名木之一，现为国家二级保护植物。花梨木色彩鲜艳，纹理清晰美观，中国自唐代就已用花梨木制作器物。唐代陈藏器《本草拾遗》就有“榈木出安南及南海，用作床几，似紫檀而色赤，性坚好”的记载。明《格古要论》提到：“花梨木出男番、广东，紫红色，与降真香相似，亦有香。其花有鬼面者可爱，花粗而色淡者低。广人多以作茶酒盏。”

黄花梨衣柜

黄花梨是明清硬木家具的主要用材，以心材呈黄褐色为好。明清时期考究的木器家具都选黄花制造，其纹理或隐或现，色泽不噪不喧，被视作上乘佳品，备受明清匠人宠爱，特别是明清盛世的文人、士大夫之族对家具的审美情趣更使得这一时期的黄花梨家具卓而不群，无论从艺术审美、还是人工学的角度来看都赞不绝口，可称为世界家具艺术中的珍品。

黄花梨木家具制作产地以苏州为代表，做工规范，精工细做，是典型的苏式家具。另外南方两广及海南岛等地明清时期也生产黄花梨木家具，称之为广作或广式家具，其做工略粗，不及苏式家具精细。

知识链接

家具木材作假的辨别

材料的价值在硬木家具中占有很高的比重，因此，做伪者往往在材料做伪上打主意，利用硬木家具的材种不易分辨的特点，低等的杂木制作的家具，结合染色处理，混充高级木材制作的家具。传统家具的制作材料，如紫檀、黄花梨、花梨、铁力、红木等，虽在比重、色泽、纹理等方面都带有独特的物理性质，但由于生长地的不同，生长年代的差异，木料所处位置的转移（如边材、心材），以及开料切割时下锯的角度变化，都会出现与标准木样相悖的表现，在自然色泽和纹理上极易混淆，以致让造假者有可乘之机。此外，即使自然色泽与高档木料不一致，投机商也会改变木色，冒充高档家具。由于时尚的不同，大约在清中期至20世纪30年代，因受宫廷权贵、封建文人雅士的青睐，硬木家具贵黑不贵黄，所以作假的杂木被染成黑色，以充紫檀。从20世纪30年代开始，人们对家具的审美观有所变化，开始崇尚自然色泽和纹理，黄花梨木色受到大众的追捧，于是又有了漂亮木纹的方法。当时的家具商常将材质冒充与改色，常见的有用黑酸枝冒充紫檀、普通草花梨木染色处理后冒充紫檀、用白酸枝或越南花梨冒充黄花梨等。真正的红酸枝木，其价格略逊于紫檀，于是又有人将缅甸木、波罗格等说成红酸枝木。在修复和仿制古典家具中，大部分作伪者用南洋杂木，有的甚至是一般木材，放到有色水中煮染上色。红色是苏木煮汁，黄色为槐花煮汁，黑色和灰色为黑矾硬木和高档木材家具非常沉重，有超乎个人力所能及的重量感觉，而伪造的木材则大多较轻。

红木家具

红木有广义和狭义之分。狭义红木指古代正红木，又称老红木，即酸枝类木材。广义红木即今天所说的红木，分为紫檀木类、花梨木类、黑酸枝木类、红酸枝木类、乌木类、条纹乌木类和鸡翅木类七大类。所谓“红木”，从一开始，就不是某一特定树种的家具，而是明清以来对稀有硬木优质家具的统称。本处特指老红木。

老红木为热带地区豆科檀属木材，主要产于印度，中国广东、云南及南洋群岛也有出产，是常见的名贵硬木。“红木”是江浙及北方流行的名称，广东一带俗称“酸枝木”。酸枝是清代红木家具主要的原料。用酸枝制作的家具，即使几百年后，只要稍加揩漆润泽，依旧焕然如新。可见酸枝木质之优良，早为世人所瞩目。

红木家具始于明朝。其外观形体简朴对称，天然材色和纹理宜人。红木主要采用中国家具制造的雕刻、榫卯、镶嵌、曲线等传统工艺。清代的红木家具很多是酸枝家具，即老红木家具。尤其是清代中期，不仅数量多，而且木材质量比较好，制造工艺也多精美。在现代人的观念中，它才是真正的红木家具。红木家具的造型和工艺中明显的民族性使它被称为“人文家具”“艺

明代红木家具

木家具”。

在传统红木家具的纹饰中，吉祥图案占了很大比重，也大大提升了红木家具的内涵与品位。吉祥图案以广泛流传的神话传说、历史典故、文学作品、成语谚语等为题材，通过借喻、暗喻、比拟、双关、象征等手法，运用人物、花鸟、鱼虫、山水、走兽、器物图案以及文字等创制而成，深蕴幸福、吉祥、喜庆之意。

楠木家具

楠木家具自古以来都是高档家具的代表。

人们常说的楠木家具其实只是一个总称，楠木家具可以分为香楠木家具、金丝楠木家具、水楠木家具，也就是说楠木有三种类型，分别是香楠、金丝楠和水楠，其中尤以金丝楠木最为珍贵。

香楠的木质微紫而带清香，纹理十分美观自然。金丝楠是由于楠木的木纹中有金丝状纹理，并因此而得名，这种楠木是最珍贵的木材种类之一。水楠的木质与香楠和金丝楠相比要软一些，也因此被称为水楠。

楠木是生长在亚热带的乔木，其生长周期长达数百年，因此极其珍贵。楠木的耐腐蚀性极好，即使是在极端湿热的环境中，楠木家具也不会被氧化腐蚀，因此自古代开始，楠木就被大量用于制造家具。

众所周知，木材被虫蛀是常见的现象，也是木材最大的天敌，楠木在生长期内就比较容易被虫蛀，而一旦成熟，其木质内含有独特的香味，这种香味具有驱散蚊虫的作用，因此楠木家具具有极强的防虫性。

包公墓墓室金丝楠木棺材

楠木本身性温和，即使在冬季也不冷，楠木家具的木质紧密，内部温度受外部环境的影响很小，因此在冬季也具有良好的防寒性能。古代许多皇帝及王

公贵族在过去寒冷的冬季，多使用楠木床，以避其他木带来的阴冷。

楠木数百年的生长周期，导致了楠木的木质十分紧密，因此用于制造成的楠木家具很少会发生变形或者开裂等现象，这是其他材质的家具所不具备的特点。

楠木家具的地域性特点不足，北京、福建、山西、安徽及江南苏杭等地的楠木家具，品种大同小异，细品略有区别。北京是皇家所在地，王公大臣效仿宫廷顺理成章；另外，光绪帝大婚时还专门订做过一大批楠木家具，后大部分散落民间；山西古家具是北方最大的流派，楠木与当地最常用的核桃木有近似之处，但前者等级高出一等，故有人刻意追求楠木以显身份；安徽所出楠木家具，精巧别致，文人气息极浓，显示出徽州文化的底蕴；而苏杭地区发现的楠木家具则形制标准，与明清优秀的标准器相同，少有创新。

鸡翅木家具

鸡翅木：是木材心材的弦切面上有鸡翅（呈“V”字形）花纹的一类红木。鸡翅木以显著、独特的纹理著称，历来深受文人雅士和广大消费者喜爱。

在《红木国家标准》中，收录了三个树种为鸡翅木：（1）非洲崖豆木，即非洲鸡翅木，产地在刚果；（2）白花崖豆木，即缅甸鸡翅木，主要分布在缅甸、泰国；（3）铁刀木，分布在南亚及东南亚，另在中国云南、广东等地也有引种栽培。

鸡翅木分布较广，非洲的刚果、扎伊尔、南亚、东南亚及中国广东、广西、云南、福建等国家、地区均产此木。

鸡翅木毛笔架

鸡翅木家具在明清家具中比例很少，但个性十分突出。它风格迥异，既不像黄花梨家具文人化倾向那样明显，也没有紫檀家具那样沉穆雍容。鸡翅木家具周旋于文人与商贾之间，迎合着高雅与低俗，适应着社会各个阶层的需求。

鸡翅木分为老鸡翅木和新鸡翅木。明清的家具都是用的老鸡翅木，木色比较灰，纹理不是很明显，只能胜任一般的雕刻。新鸡翅木一般是清代晚期的家具，纤维粗，韧性好，不宜雕刻，颜色略黄，纹理分明。

从家具设计上来看，把木质纹理因素放在首要位置上的，只有鸡翅木。古人已明确用鸡翅木做家具，追求的是表现纹理，而不是表现工匠的雕工技巧，故以不雕或尽可能少雕为设计出发点，这些最初的动机就是鸡翅木风靡几百年的根源。

核桃木家具

核桃也俗称为胡桃，据史料记载是西汉（公元前 206—公元 25 年）张骞出使西域的波斯而引进的，故称“胡桃”。中国已成为目前世界上核桃木种植面积最大的国家。核桃木是世界上深受人们喜爱的珍贵木材之一，特别是在欧洲上层社会，核桃木与桃花心木、橡木的地位是至高无上的。中国历史上将核桃木广泛应用于家具、兵器、乐器及其他生活器具的制作，但其地位显然不能与欧洲相比，更不能与国内同样用于家具制作的紫檀、黄花梨比，但在山西、河北、陕西等地，榆木、核桃木的家具仍是主流，在传统家具的发展史中占有极其重要的地位。

核桃木历来就是一种稀缺的木料。制作的家具显得非常珍贵，完全在于这种木料制作的家具，从形式、结构、材质、线形或雕饰工艺等艺术形式表现方面，有其优越的材质特点。表现在选材做工制作家具非常适宜，能够达到精品，达到上档次，保证使用和美的效果。这种家具多为精品。自然会被人们在日常使用中一直保护下来。

核桃木材色很匀称。其木质的管孔也含深色沉积物树胶，有油脂。明清时期，北方制作核桃木家具非常盛行，加上浅使色料和擦油擦蜡，使家具的木材波纹和光泽能和花梨木近乎一样，给人以庄重和丰满的自然感觉。

清代从民间的商贾富豪，到佛教庙宇、高官宫廷都有制作。北京故宫博

物院、晋中曹家大院“三多堂”、祁县乔家大院等，就存有不少核桃木为代表的雕刻家具。

核桃木在历史上多制作好的家具，尤以抽屉面、椅子的靠背、床栏的围板进行雕饰，使这种家具的品牌更加盛名。

中国的核桃木家具以山西出产者最有名，被称为“晋作家具”。晋作家具自清初以来便形成了地方特色：造型和做工多仿作宫廷气派，用料厚重大度，形体庄重稳固，大件家具居多，不惜雕磨功夫，擅长彩绘金漆和铜活饰件；尤其是晋中和晋南的高档核桃木家具，常常仿作石雕工艺，所做的床榻、几案和柜格等宽大厚实，工艺精细、华贵，髹漆、上光后颇有紫檀家具的味道。

知识链接

黄花梨家具的辨别

目前市场中，黄花梨赝品时有出现，常见的赝品黄花梨主要是越南黄花梨、草花梨，这些木质只要仔细辨认，就能发现它与真正的黄花梨有很大的差别，辨别真伪可以从以下几个方面入手：

一是黄花梨的稳定性比较高，色泽亮丽，油性大，在材质加工上比较易于雕刻。

二是从纹理上辨别，黄花梨的鬼脸是一个很重要的特征，它的纹理细腻、立体感强而且有始有终。

三是从它的气味上辨别，黄花梨的边材木质是白蚁最喜欢的食物，芯材由于有一种辛辣味，得以保留下来，因此这种味道也是极特殊的，而赝品黄花梨所散发出来的则是一种俗香味。

黄杨木家具

黄杨木在历史典籍中有许多神秘的记载。李时珍在《本草纲目》中谓："黄杨生诸山野中，人家多栽插之。枝叶攒簇上耸，叶似初生槐芽而青厚，不花不实，四时不凋。其性难长，俗说岁长一寸，遇闰则退。今试之，但闰年不长耳。其木坚腻，作梳剜印最良。按段成式，《酉阳杂俎》云：世重黄杨，以其灭火也。用水试之，沉则无火。凡取此木，必以阴晦，夜无一星，伐之则不裂。"苏东坡词云："园中草木春无数，唯有黄杨厄闰年。"实际上，黄杨木遇闰年不长反而退三寸之说是没有依据的。黄杨木生长确实缓慢，可能是用材树种中生长最为缓慢的一种，故有"千年矮"之说。

黄杨木新切面一般呈鲜黄色，几十年或几百年后呈浅褐色泛黄，木材致密细腻。

黄杨木又名榆木、特力木，大多都产自于热带和亚热带地区。在中国的生长范围较广，主要分布在云南、贵州、陕西、甘肃、湖北、浙江、江西、安徽、台湾等地。黄杨木的材质纹理交错、颜色艳丽，是红木材质中外观较为精美的一类木材。黄杨木属于常绿小灌木、材质坚硬细腻。由黄杨木所制成的家具、木雕，色泽亮黄温润，有的具有象牙效果，而且年代越久色泽越深，更具有古朴美观的效果。

黄杨木所制成的家具不仅外观精美而且有淡淡的清香飘出，黄杨木家具若按材料材质的不同来分类的话可以分为老黄杨木家具、新黄杨木家具、相思木家具，而采用年代久远的老黄杨木材质制成的家具具有很高的收藏价值。

黄杨木二龙戏珠手镯

黄杨木家具在古典家具中的地

位很微妙也很特殊。比如我们目前所能看到的黄杨木家具多为工艺品摆件，基本上没有大件成品家具。据说，北京故宫博物院里有一张黄杨木小条桌，其中，百分之四十的材料还不是黄杨木的。

乌木家具

乌木在历史上有许多名称，如乌文木、乌楠木、乌梨木、鏖木、乌角。宋代赵汝适《诸蕃志》专门记载“乌楠木”，谓“乌楠木似棕榈，青绿耸直，高十余丈，荫绿茂盛。其木坚实如铁，可为器用，光泽如漆，世以为珍木”。

乌木在史籍中的记载很多，很早就作为贡物进贡到中国，但用于家具制作得很少，几乎没有这方面的实物与记录。一般用于制作筷子、刀柄、玉器或宝石底座、雕刻与镶嵌用料、二胡及其他乐器等。一般乌木心材材色全部为乌黑发亮、不见杂色者才真正称得上“乌木”。最著名的乌木应产于非洲的加蓬、尼日利亚、坦桑尼亚及亚洲的印度南部、斯里兰卡等地。尼日利亚历来以生产乌木（心材纯黑而无杂色）、乌木王（具暗红褐色条纹）、乌木后（具浅黄橙色条纹）而倍感自豪，有“乌木三宝”之美誉。

乌木在中国的主要产地为四川岷江流域、三峡地区，此树多生长在低洼处，树干耸直，高可达十余丈，木质坚硬如铁，材色黑中透亮，质地坚硬细腻，纹理清晰，断面手感柔滑，老者纯黑色，光亮如漆。因其在缺氧环境中生长形成，所以木质含有桉脂油等天然防腐剂，历经千年不腐。由于其不腐、不朽、不蛀的特性，所以用材制作高档硬木家具，经久耐用，不易变形。

另有一种乌木，又叫阴沉木，是沉积在河床下二至十米深处的楠木、柏木、青杠木等优质木材，经过河沙中大量金属元素千年的物理、化学反应和河水、沙石侵蚀、冲刷，经长达成千上万年炭化过程形成乌木，故又称“炭化木”。形成阴沉木的树木种类繁多，有：麻柳树、青冈树、香樟树、楠木红椿木、红豆杉、马桑、黄柳木、黄柏、槐木、檀木等。

阴沉木集“瘦、透、漏、皱”于一身，极具鬼斧神功之妙，巧夺天工。阴沉木兼备木的古雅和石的神韵，有“东方神木”和“植物木乃伊”之称。

历代都把乌木用作辟邪之物，制作工艺品、佛像、护身符挂件。古人云："家有乌木半方，胜过财宝一箱。"

榉木家具

榉木儿童床

自明清以来，榉木一直都是民间家具的常用材料。中国现在流传下来的家具以明清家具居多，而在这些家具中就有很多榉木家具留世。

榉木，也作"椐木"或"椇木"。产于中国南方，为江南特有的木材。北方不知此名，而称此木为南榆。榉木重、坚固，抗冲击，蒸汽下易于弯曲，可以制作造型。榉木纹理清晰，木材质地均匀，色调柔和流畅。比多数普通硬木都重。

虽然榉木的材质没有红木等名贵木材珍贵，但是在明清家具史上，榉木却占有一席之地，尤其是在广大的民间，榉木是中国南方寻常百姓家最常见的木材了。现在留世的榉木家具多为大件制品，如衣柜和床板等。现在留世的榉木家具价格也在逐渐升高中，榉木也是很有价值的。

知识链接

檀香木及其分类

檀香木是檀香的心材部分，不包括檀香的边材（没有香气，曼白色）。檀香隶属檀香科檀香属，是一种半寄生性小乔木，高可达 8 ~ 15 米，胸径

20～30厘米，小者仅3～5厘米。原产地为印度哥达维利亚河流域，南至迈索尔邦及印度尼西亚，东、西努沙登加省及东帝汶，另外，澳大利亚、斐济及南太平洋其他岛国，美国的夏威夷也出产檀香，中国也有近百年的引种历史。

檀香木一般呈黄褐色或深褐色，时间长了则颜色稍深，光泽好，包浆不如紫檀或黄花梨明显。质地坚硬、细腻、光滑、手感好，纹理通直或微呈波形，生长轮明显或不甚明显。

檀香木香气醇厚，经久不散，久则不甚明显，但用刀片刮削，仍香气浓郁，与香樟、香楠刺鼻的浓香相比略显清淡、自然。有一些人用人工香精浸泡或喷洒木材用以冒充檀香木，香味一般带有明显的药水味且不持久。

檀香属的一些木材质量是无法与产于印度及印尼的檀香相比的，质量最好的檀香木产自于印度，其次为印尼。一般国际市场上用檀香属其他木材或不同科属但外表近似檀香木、也有香味的木材来冒充檀香木。中国的一些厂家多以白色椴木、柏木、黄芸香、桦木、陆均松经过除色、染色然后用人工香精浸泡、喷洒来冒充檀香木而大量制成扇、佛像、佛珠及其他雕刻品。

檀香按历史传统，商人及工匠一般分为以下四类：

1. 老山香，也称白皮老山香或印度香，产于印度，一般条形大、直，材表光滑、致密，香气醇正，是檀香木中之极品。

2. 新山香，一般产于澳大利亚，条形较细，香气较弱。

3. 地门香，产于印尼及现在的东帝汶，多弯曲且有分枝、节疤。

4. 雪梨香，产自于澳大利亚或周围南太平洋岛国的檀香，其中斐济檀香为最佳。雪梨香一般由香港转运至内地。

第三节 古代家具分类

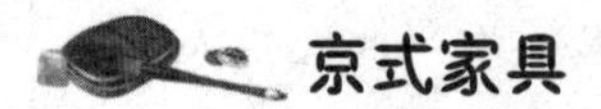

京式家具

京式家具主要指北京地区生产的以宫廷用器为代表的家具，京式家具大体介于广式和苏式之间，用料较广式要小，较苏式要实。从外表看，京式与苏式在用料上趋于相仿。从纹饰上看，它与其他地区相比又有其独具的风格，它从皇宫收藏的三代古铜器和汉代石刻艺术中吸取素材，巧妙地装饰在家具上。工匠根据不同造型的家具而施以各种不同形态的纹饰，显得古拙雅致。清代的京式家具，因皇室、贵族生活起居的特殊要求，造型上给人一种沉重宽大，华丽豪华及庄重威严的感觉。宫廷用器因追求体态，致使家具在用料上要求很高，常以紫檀为主要用材，亦有黄花梨、乌木、酸枝木、花梨木、楠木和榉木等。京式家具制作时为了显示木料本身的质地美，硬木家具一般不用漆髹饰，而是采取传统工艺的磨光和烫蜡。

京式家具一般以清宫造办处所做家具为主。造办处有单独的木作，木作中又有单独的广木作，由广州征选优秀工匠充任，所制器物较多地体现着广式风格。但由于木材多从广州运来，一车木料辗转数月才能运到北京，沿途人力、物力、花费开销自不必说，这一点使得广拥天下的皇帝也变得慎重起来。因此，造办处在制作某一件器物前都必先画样呈览，经皇帝批准后，方可制作。在这些御批中，经常记载着这样的事，即皇帝看了样子后，觉得某

清宫造办处制造的家具

一部分用料过大，便及时批示将某部分收小些，久而久之，形成京作家具较广作家具用料稍小的特点。

在造办处普通木作中，多由江南广大地区招募工匠，做工趋于苏式，不同的是他们在清宫造办处制作的家具较江南地区用料稍大，而且掺假的情况亦不多。

从纹饰上看，京作家具较其他地区又独具风格。在家具上雕刻古铜器纹饰在明代就已开始，清代在明代的基础上又发展得更加广泛。明代时这种纹饰多见于装饰翘头案的牙板和案腿间的档板，清代则在桌案、椅凳、箱柜上普遍应用；明代多雕刻夔龙、螭虎龙（北京匠师多称其为拐子龙或草龙），而清代则是夔龙、夔凤、拐子纹、螭纹、蟠纹、虮纹、饕餮纹、兽面纹、雷纹、

蝉纹、勾卷纹、回纹等无所不有，根据家具的不同造型特点，施以各种不同形态的纹饰，显示出各自古色古香、文静典雅的艺术形象。

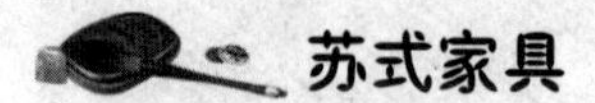

苏式家具

苏式家具主要指苏州及周围地区制作的家具。苏州地区人杰地灵，文人墨客辈出。家具制作中很多文人学士都亲自参与设计，使苏式家具具有很深的文人气，举世闻名的明式家具，即以苏式家具为主。苏式家具形成较早，制作传统家具的技术力量较强。其造型和纹饰较朴素、大方。它以造型优美、线条流畅、结构和用料合理为世人称道。苏州地区制作家具时材料不易得到，于是就采用包镶技艺制作家具，这比实料制作需要更高的技术。其制作时，常表面用好材料，面板常用薄板粘贴。一般都饰漆里，漆工技艺要求相当高，制成后很难看出破绽，包镶技艺可谓达到炉火纯青的地步。苏式家具常以紫檀、黄花梨、花梨木、榉木等为主要用材。

广式家具

广式家具是指南方广东地区以广州为中心制作的一种较有特色的家具。广州地处南海之滨的珠江三角洲，商业和手工业都很发达。它又是中国南方的贸易大港，海运交通便利，外国客商云集，当地华人散居世界各地，这为广式家具事业的发展及家具用材的进口，提供了得天独厚的供销渠道。

广式家具的制作一方面继承了中国优秀的传统家具制作技艺；另一方面大量吸收了外来文化艺术和家具造型手法。广式家具最早突破了中国千百年来的传统家具的原有格式，大胆引用西欧豪华、高雅的家具形式，其艺术形式从原来纯真、讲究精细简练线脚、实用性较强的风格，而转变为追求富丽、豪华和精致的雕饰，同时使用各种装饰材料，融合了多种艺术的表现手法，创造了具有鲜明的风格和时代特征的家具样式。

广式家具用料以酸枝木为主，亦有紫檀及花梨等，用材上讲究木质的一

致性。为了显示硬木木质的色质美和天然花纹，广式家具在制作中，不髹漆里，上面漆，不上灰粉，打磨后直接揩漆，即我们所称的广漆。广式家具花纹变化无穷，线条流畅，根据不同器形而随意延伸。刀法浑圆齐整，刮磨精工细致，卯榫衔接之精确令人不可思议，历年来，留下了很多足以传世的家具佳品。

广式家具的特点之一是用料粗大充裕。广式家具的腿足、立柱等主要构件不论弯曲度有多大，一般不用拼接做法，而且惯用一块整木挖成，其他部位也大体如此，所以广式家具大多比较粗壮。

广式家具的另一特点是木质一致，一件家具全用一种木料制成。通常所见的广式家具，或紫檀、或红木，皆为清一色的同一木种，决不掺杂别种木材。而且广式家具不加漆饰，使木质完全裸露，让人一看便有实实在在、一目了然之感。

广式家具的又一特点是装饰花纹雕刻深峻、刀法娴熟、磨工精细。它的雕刻风格，在一定程度上受西方建筑雕刻的影响，雕刻花纹隆起较高，个别部位近乎圆雕。加上磨工精细，使花纹表面光滑如玉，丝毫不露刀凿的痕迹。

广式家具的装饰题材和纹样，也受西方文化艺术的影响。明末清初之际，西方的建筑、雕刻、绘画等技术逐渐为中国所应用，自清代雍正至乾隆、嘉庆时期，模仿西式建筑的风气大盛。除广州外，其他地区也是这种情况。如北京西郊西苑一带兴建的圆明园，其中就有不少建筑物从建筑形式到室内装修，无一不是西洋风格。为装饰这些殿堂，清廷每年除从广州定作、采办大批家具外，还从广东挑选优秀工匠到皇宫的造办处，为皇家制作与这些建筑风格相协调的中西结合式家具，即用中国传统技法制成家具后，再用雕刻、镶嵌等工艺手法饰以西洋式花纹。这种西式花纹，通常是一种形似牡丹的花纹，也有称为西番莲的。这种花纹线条流畅，变化多样，可以根据不同器形而随意伸展枝条，它的特点是以一朵或几朵花为中心向四外伸展，且大都上下左右对称。如果装饰在圆形器物上，其枝叶多做循环式，各面纹饰衔接巧妙，很难分辨它们的首尾。

广式家具除装饰西式纹样外，也有相当数量的传统纹饰，如各种形式的

海水云龙、海水江崖、云纹、凤纹、夔纹、蝠、磬、缠枝或折枝花卉，以及各种花边装饰等。有的广式家具中西两种纹饰兼而有之，也有的广式家具乍看都是中国传统花纹，但细看起来，或多或少地总带有西式痕迹，为我们鉴定是否广式家具提供了依据。当然，我们不能仅凭这一点一滴的痕迹就下结论，还要从用材、做工、造型、纹饰等方面综合考虑。

广式家具的镶嵌艺术十分高超。清初，为适应对外贸易的发展，广州的各种官营和私营手工业都相继恢复和发展起来。这些手工业的恢复和发展，给家具艺术增添了色彩，使清式家具在雕刻和镶嵌的艺术手法上与明式家具相区别。镶嵌作品多为插屏、挂屏、屏风、箱子、柜子等，原料以象牙雕刻、景泰蓝、玻璃画等居多。

扬州家具

扬州家具主要为漆木家具。扬州漆器很早就享有盛誉。扬州漆器家具最为著名的是多宝镶漆器家具，它是中国家具工艺中别具一格的品种。多宝镶又名“周制”，因由嘉靖年间著名匠师周翥创制而得名。清代扬州多宝镶家具曾风行一时，但传世珍品甚少。扬州的螺钿漆器家具和漆雕家具亦久负盛名。提到雕漆，我们不得不首先介绍较典型的“剔红”，它用传统的朱漆一层层地覆盖在漆坯表面，当工艺结束后就获得了一种深沉而又绚丽的色调。

苏式家具用料节俭。以紫檀描金席心扶手椅为例，此椅从外观看，颇为俊秀华丽，但从其用料方面看，是异常节俭的。它的 4 条直腿下端饰回纹马蹄，上部饰小牙头，这在广式家具中通常用一块整料做成，而此椅却不然，4 条直腿的平面以外的所有装饰全部用小块碎料粘贴，包括回纹马蹄部所需的一紫檀描金席心扶手椅小块薄板。椅面下的牙条也较窄且薄，座面边框也不宽，中间不用板心，而用藤心，又节省了不少木料。上部靠背和扶手，采用拐子纹装饰，拐角处用格角榫拼接，这种纹饰用不着大料，甚至连拇指大的小木块都可以派到用场，足见用料之节俭。

苏式家具的大件器物多采用包镶手法，即用杂木为骨架，外面粘贴硬木

薄板而制成家具。这种包镶做法，费工费力，技术要求也较高，好的包镶家具不经过仔细观察或用手掂一掂，很难看出是包镶做法，原因是为了不让人看出破绽，通常把拼缝处理在棱角处，而使家具表面木质纹理保持完整，既节省了材料，又不破坏家具本身的整体效果。为了节省材料，制作桌子、椅子、凳子等家具时，还常在暗处掺杂其他杂木，这种情况，多表现在器物里面穿带的用料上。现今故宫博物院收藏的大批苏式家具中，十之八九都有这种现象，而且明清两代的苏式家具都是如此。苏式家具都在里侧上漆，目的在于使穿带避免受潮，保持木料不致变形，同时也有遮丑的作用。

总之，苏式家具在用料方面和广式家具风格截然不同，苏式家具以俊秀著称，用料较广式家具要少得多，由于硬木材料来之不易，苏作工匠往往惜木如金，在制作每一件家具之前，要对每一块木料进行反复观察，衡量，精打细算，尽可能把木质纹理整洁、美观的部位用在表面上。

苏式家具的镶嵌和雕刻艺术主要表现在箱柜和屏联上。以普通箱柜为例，通常以硬木做成框架，当中起槽镶一块松木或杉木板，然后按漆工工序做成素漆面，漆面阴干后，开始装饰图案。先在漆面上描出画稿，再按图案形式

扬州家具陈设

用刀挖槽，将事先按图做好的各种质地的嵌件镶进槽内，用胶粘牢，即为成品。苏式家具中的各种镶嵌也大多用小块材料堆嵌，整板大面积雕刻的成器不多。常见的镶嵌材料多为玉石、象牙、螺钿和各种颜色的彩石，也有相当数量的木雕。在各类木雕中，又以木居多数。

苏式家具镶嵌手法的主要优点是可以充分利用材料，哪怕只有黄豆大小的玉石碎渣或罗甸沙屑，都不会废弃。

苏式家具的装饰题材多取自历代名人画稿和树石花鸟、山水风景以及各种神话传说，其次是传统纹饰，如“海水云龙、海水江崖、二龙戏珠、龙凤呈祥”等。折枝花卉亦很普遍，大多借其谐音暗寓一句吉祥语。局部装饰花纹多以缠枝莲和缠枝牡丹为主，西洋花纹极为少见。一般情况下苏式的缠枝莲、广式的西番莲，已成为区别苏式家具和广式家具的一个特征。

宁式家具

宁式家具为宁波地区制作的家具。宁波地区在清代和海外交往频繁，又是当时重要的港口城市。自清代以来，宁波地区在坚持传统技艺基础上，创立了很有特色的骨镶和彩漆家具。彩漆家具即用各种颜色漆在光素的漆底上描画花纹而制成的家具。宁式彩漆家具主要是平面彩漆，成器后给人一种光润、鲜丽的感觉。宁式家具最为著名的是骨镶家具，在造型上，保持多孔、多枝、多节、块小而带棱角，宜于胶合和防止脱落。骨嵌分为高嵌、平嵌、高平混合嵌几种，宁式家具多为平嵌形式。骨嵌的材料只用牛肋骨，一般先用红木做好家具，然后在木坯家具上进行镶嵌。宁式家具品类齐全，花纹题材接近生活，创作技艺亦相当成熟，成器给人以古拙、淳朴的感觉。

云南家具

云南家具最为著名的是镶嵌大理石家具。所用石料产于云南大理县苍山，石质之美，名闻各地。其中以白如玉和黑如墨者为贵；微白带青者次之；微

黑带灰者为下品。白质青章为山水者名春山；绿章者名夏山；黄纹者名秋山。而以石纹美妙又富于变化的春山、夏山为最佳，秋山次之。另外，还有如朝霞红润的红瑙石、碎花藕粉色的云石、花纹如玛瑙的土玛瑙石、显现山水日月人物形象的永石等。

云南嵌大理石家具制作时，往往把石材锯开成板，镶嵌于桌案面心，插屏、屏风或罗汉床的屏心及柜门的门心。嵌石家具由于石材纹理的变化，在似与不似的景象中，妙趣横生。

鲁作家具

鲁作家具是指山东地区制作的家具，制作上较简朴。清代山东潍县出现了一种嵌金银丝家具，给中国家具增加了一种新颖的品种。嵌金银丝家具这一技法是由商周青铜器发展演变而来的。商周青铜器的鼎、匜、尊、壶等器皿上常嵌着金或银，这种工艺移植到家具上，形成了新的装饰特点。嵌金银丝的图饰有人物、风景、山水花鸟、飞禽走兽、亭台楼阁等。制作的家具有床、椅、桌子、屏风等。

徽州家具

徽州所制木器，雕镂镶嵌，十分华丽。明清时期，徽州地区商业很发达，当地商人主要经营茶叶和盐。徽州商人勤奋耐劳，他们不但在国内进行贸易，甚至漂洋过海到外国去做买卖，赚了钱后，为丰富家乡的文化，建造了有深厚文化内涵的徽州民居，制作出了民族气息浓厚的徽州家具。《云间据目抄》曾记：“徽之小木匠，争列肆于郡治中，即嫁妆杂器，俱属之矣。”可见徽州家具当时的流行程度。

徽州古典家具

其他家具

1. 晋式家具

主要指山西乡镇制作的家具。其做工在技艺上已可与苏式家具比美。在造型上基本上保持了明清家具样式，装饰纹式都较简练。在北方制作家具中可谓首屈一指。

2. 湖南竹制家具

湖南益阳在明初就有了竹制家具，且制作技艺精良，造型上类似木家具且品种多样，有椅、床、桌、几、屏风等。材料使用很严格，需用生长两年

以上的老竹，而且也像木制家具的材料那样需阴干三至四年才能使用，竹种主要采用毛、麻竹，利用竹材光洁、凉爽的特点，并根据竹青、内黄的不同性质，经郁制、拼嵌、装修和火制等工序制作完成。竹制家具富有鲜明的民族风格，卯榫拼接很严密，纹饰丰富。

3. 湖北树根藤瘿家具

产地主要在鄂西北武当山、神农架地区。那里山多林密，藤根、怪树根资源丰富，形态丰富而奇特。艺人们精心选择藤根，去掉虚根、朽枝，经过处理，再反复髹漆，最后巧妙地制成各式家具。这种家具具有质地坚硬、经久耐用、情趣自然、古朴典雅等特点，特别是那些天然藤根的疤、节、瘤、洞甚至残烂部位，只要构思得体，排列适当，都可获得特殊的艺术效果。

知识链接

古家具按实际使用情况的分类

古家具的类型，按其实际使用情况一般分为：

1. 凳类家具，如凳、座椅等；
2. 桌类家具，如书桌、饭桌、长案、画案、供桌、炕桌等；
3. 几架类家具，如衣架、几架、花架、盆架等；
4. 卧具类家具，如各种床、榻等；
5. 箱式类家具，如箱子、木盒等；
6. 柜类家具，如竖柜、铺柜、橱柜等；
7. 屏镜类家具，如挂镜、挂屏、镜屏、座屏等。

老家具选材一般按“一黄”（指黄花梨）、“二黑”（指紫檀）、“三红”（指老红木、鸡翅木、铁梨木、花梨木）、“四白”（指楠木、榉木、樟木、松木）顺序排列。也可将老家具的材质分为硬木和软木两种，硬木类包括花梨木、紫檀木、老红木等，软木类泛指白木类。硬木优于软木，价格也高很多。

一般属榫铆结构的实木家具，外面烫蜡用以装饰和保护家具，因此要尽量杜绝与阳光的直接接触，防止木质因为紫外线的影响而褪色。还可以在旁边摆放鲜花或鱼缸，以保持室内的湿度，避免家具的水分为空调或取暖器所吸收。

第二章

古朴浑厚的低矮型家具

中国的历史源远流长,从元谋人开始到公元前21世纪是中国漫长的原始社会时期。在这漫长的历史时期内,勤劳的先祖们运用他们的智慧创造了华夏文明的雏形。尤其是在建筑、木工、编织及髹漆技术等方面都取得了引人注目的成就。到了春秋战国时期,家具品类不断增多而且不断创新。这时期家具品类虽部分保留着奴隶社会时期家具形式单调、一物多用、功能交错的特点,但战国以后出现的坐卧类家具、置物类家具、储藏类家具、支架类家具、屏风类家具在这时都已初具规模。

第一节 夏商周时期的家具

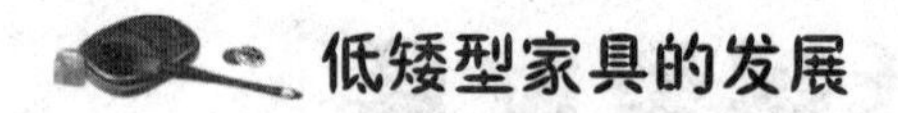

低矮型家具的发展

在旧石器时代，从代表黄河文化的半坡遗址中我们可以看到北方先民的半地穴式居住建筑，因为北方多平原，地势平坦，气候相对干燥，这种北方地穴式建筑很好地抵御了严寒和野兽；从代表长江文化的河姆渡遗址中我们可以看到木结构建筑构件的原始榫卯的类型，这为以后南方干栏式建筑的发展奠定了技术基础。而且，更令人惊奇的是，从中我们还发现了席纹及一些中国本土家具的雏形，如木俎、圆案、长案等。到了新石器时代，由于定居的生活方式，房屋建筑行业得到了很大的发展，这极大地促进了制作工具及木工技术的不断改进，再加上编织及髹漆技术的不断发展和完善，从而为制造以木材为原料的简陋器具创造了先进的技术条件。灿烂的华夏文明由此拉开了历史的序幕，中国古代家具也由此进入了萌芽时期。

半坡遗址位于陕西西安半坡村浐河南岸的阶地上，面积 5 公顷，房址 46 座，有方圆之分，主要是半地穴式建筑。

河姆渡遗址是长江中下游遗址年代最早的新石器时代遗址，从中出土了装饰品、艺术品、生产工具及生活工具 5000 多件，并发现了大片干栏式建筑遗址及大量带榫卯的木建筑构件，为研究中国早期建筑提供了可靠的实物资料。

商周时期建筑技术的发展，从多处遗址中可见一斑，已经相当发达了。处在遗址中，端详着出土的家具，眼前仿佛出现了当时统治者居锦席、衣裘皮、佩宝玉、执爵饮的享乐场面。但是商朝文明中心的中原地区——黄河流域的气候环境不利于优质木材和漆树的生长，更重要的是由于木材加工工具的局限，使商朝尚未拥有发达的漆木家具，其他漆器的出土数量也不多，即使当时出现过少数的漆木家具，也在历史的沧桑中腐朽无存。

商朝人对铜的运用有了很深的造诣，将其广泛地用于兵器、车辆、家具、食器和礼器的制造，慢慢地形成了自己独特的青铜文化，并成为商朝文明的时代特征。除此之外，那个时期已有木工和髹漆技术。如造车技术的成熟，木制漆器的精美（商代殷墟出土的漆器），等等。尤其是建筑方面的发展，它极大地影响着人们的生活方式和审美情趣。

但由于当时建筑的低矮，室内空间狭小，因而造就了席地而坐的起居方式，继而出现了一些席地而坐的低矮家具。古人所谓的“席地而坐”的“席”主要指的是茵席。席地而坐的方式主要有三种：一是“跪坐”，膝盖弯曲着而坐，是中国古代跪拜礼节的起源。二是“跏趺坐”，即所谓的盘腿而坐，脚背放在股上，现在仍是佛教徒的一种坐法。三是“箕踞坐”，席地而坐，随意伸开双腿像个簸箕，这是一种不拘礼节的坐法。但随着建筑技术的发展，房屋建筑也越来越宏伟，室内空间也逐渐地宽敞起来。这个时候，仅供坐卧的席及其他简单的陈设家具已远远不能满足人们心理和生理的需求。于是室内家具种类开始繁多起来。

西周是中国奴隶社会的鼎盛时期。它有了明确的国与家的概念，并确立了国家与王朝一体的政治观念。与此同时，西周还强调以礼治国。并从周文王、周公旦开始就建立和完

西南少数民族地区的干栏式建筑

善了“周礼”制度。该项制度反映到周朝的方方面面，如祭祀、建筑、服饰、车马、家具等。也可以说它贯穿了整个西周的家具发展史，并决定了两周时期的家具特点——具有鲜明的礼器功能。

手工业上，冶炼青铜的技术又有了新的成就，即青铜制造上已有了复杂的合金技术，这对于青铜材料的广泛应用有着决定性的意义。与此同时，髹漆技术也得到了比较广泛的应用，如《周礼》有“髹饰”“漆本”的广泛记载。而且与当时的镶嵌工艺进行完美的结合，创造了镶有蚌壳的漆木家具，用蚌泡作为装饰物，是当时流行的一种镶嵌手法，也是以后百宝嵌家具装饰手法的萌芽。从某种意义上可以说，它为春秋战国时期灿烂的漆木家具奠定了基础。

宗教色彩浓郁的家具文化

殷人是一个崇尚武力的民族，同时也是一个敬神崇祖的民族。人们通过祭祀的方式，与神灵相通，以此来表达对自然力量和先祖的崇敬。久而久之，便形成了一种礼仪文化。在商代这种礼仪文化又与国家政治紧密联系在一起，即所谓的神权与王权的统一。这也使礼器成为了国家进行重大典礼时的必备器具。如在奔丧、朝聘、征伐、宴乐等重大活动中，大量的祭祀活动促进了祭祀器具的繁荣，并使它们具有了浓厚的宗教神话色彩。

云雷纹

在周朝，由于受到当时“中剖为二”“相接化一”的两分倾向的哲学文化影响，当时

家具的造型和装饰上都运用对称而规整的格式。这样更能增加器具的庄严感和神圣感。如青铜俎的前后两足之间的两个对称的壶门轮廓，既增加了板腿造型上的变化又体现了青铜俎的庄重感；装饰上运用具有恐怖、威猛和神化色彩的对称格式的图案，如夔龙纹、饕餮纹、云雷纹等，极大地增加了青铜家具虚幻的神秘色彩，突出了威严、神秘、庄重的艺术特征。

云雷纹是变形线条纹的一种，大都用作底纹，起陪衬主纹的作用。用柔和回旋线条组成的是云纹，用方折角的回旋线条组成的是雷纹，盛行于商中晚期。

具有权威的礼器家具

奴隶社会时期，由于生产力的提高，人们从使用石工具逐步过渡到使用青铜工具。人类的物质文化进入了一个新的历史时期——青铜时代。社会经济特别是手工业的发达，为家具的制作和发展提供了广阔的物质基础。这时家具突出的时代特点是：质地以青铜器为主，并兼有礼器的职能，是礼器的组成部分。《周礼》《仪礼》《礼记》中对家具的品类、形制、数量、陈设、规格都有严格规定，无不体现奴隶社会的等级制度，而且不能逾制，从而说明家具已成为奴隶社会上层建筑的一部分。

这时期青铜家具以置物类家具为主，有俎、禁等。

俎一般皆出自地位在大夫、上卿之列的贵族墓，禁出自王侯一类的大墓。俎是先秦贵族祭祀、宴享时陈放牲体类似几形的一种器物，也是切肉用的案子，属置物类家具，祭祀时，常与鼎、豆配套使用。俎在商代主要是祭器，可以从青铜器俎的造型看到中国家具的雏形。其造型特点是运用对称而又规整的格式和安定而庄重的直线，来服从于祭祀的要求。如青铜俎的四足造型运用板状腿构成足，前后两足之间出现了两个对称的，在中国家具史上沿续了几千年的装饰壶门，既具有对称规整的格式，又增添了板腿造型上的变化，构成了最高度的安定感。其装饰特点是以饕餮纹、夔纹、云雷纹为主要装饰。图案也与造型相同，多采用对称的格式，很可能与商代流行“中剖为二”“相

接化一”的两分倾向的世界观有关。兽面的正面对称表现，产生一种庄严感，更强烈地衬托出殷代青铜家具威严、神秘、庄重的艺术特点。俎也有贵贱之分，如《礼记·燕义》曰：“俎豆牲体，荐羞，皆有等差，所以明贵贱也。”因为俎一般皆出自地位在大夫、上卿之列的贵族墓，所以传世和考古发掘的俎很少。西周懿孝时期的壶铭文中有周王赐给痰“彘俎”“羊俎”的记载。“彘俎”是盛放猪牲的俎，“羊俎”是盛放羊牲的俎，说明西周时盛放不同牲体的俎各有专名。俎虽然属置物类家具，但更重要的是作为重要的礼器使用。俎使用于各种礼仪活动之中，《周礼》《仪礼》《礼记》等古文献均有记载，特别是《仪礼》对俎的使用颇为详细。因为俎为载牲之器，所以与鼎配套做礼器使用，且为奇数。天子、诸侯之礼应有太牢九鼎九俎。《仪礼·公食大夫礼》记载卿或上大夫之礼，应为七鼎七俎，下大夫用五鼎五俎。《仪礼·士婚礼》曰士礼用三鼎三俎。

禁为先秦贵族祭祀、宴享时陈放酒器、食器的一种案形器具，亦为置物类家具。《仪礼·士冠礼》曰：“两瓶，有禁。”郑玄注：“禁，承尊之器也，名之为禁者因为酒戒也。”禁也有等级之分。如《礼记·礼器》：“天子、诸侯之尊废禁，大夫、士棜禁。”禁是承尊器的器具，其形状有无足和有足之分。祭祀时以质朴低下为贵，天子诸侯位尊反而不用禁，酒器直接摆放在地上，大夫、士位卑，酒器放在无足禁上。禁的形象代表着箱、橱柜类型家具。如陕西宝鸡斗鸡台出土的西周早期龙纹青铜禁，禁体周壁做镂空夔纹和蝉纹，面板为长方形，无足，长方体，似箱形，四壁皆镂空有栏，面有三大椭圆形孔，孔有周边。另外，美国纽约大都会博物馆收藏的西周早期的青铜鸟纹禁，面板为方形，无足，体似箱形，为承单件卣之禁，禁面中央突起以套承卣的圈足。四面有壁，侧壁各有两方孔。周身雕刻有兽纹、鸟纹和细云雷纹。

知识链接

家具的拼凑改制

末清初　黄花梨罗汉床（由架子床改制）

许多古代家具往往因保存不善，构件残损严重，很难按原样修复，于是就移植了非同类残损家具的构件，凑成一件难以归属、不伦不类的古代家具。比如把架子床改成罗汉床：架子床因上部的构件较多，可以拆卸，很容易散失不全，所以有人截去立柱后的架子床座，三面配上床围子，凑成罗汉床出售。再比如软屉改硬屉：软屉是椅、凳、床、榻等传世硬木家具的一种，由木、藤、棕、丝线等组合而成的弹性结构体，多用在椅凳面、床榻面及靠边处，在明式家具中较为多见。与硬屉相比，软屉具有舒适柔软的优点，但较易损坏。传世久远的珍贵家具，软屉绝大多数都已损毁。所以，古代珍贵家具上的软屉很多被改成硬屉。硬屉（攒边装板有硬性构件）原是广式家具和徽式家具的传统做法，有较好的工艺基础，如果利用明式家具的软屉框架，选用与原器材相同的木料，以精工改成硬屉，很容易令人上当受骗。

还有的改制就是要把常见的古代家具品种改制成罕见品种，是因为“罕见”是古代家具价值的重要体现。因此不少人把传世较多且价值不高的半桌、大方桌、小方桌等纷纷改制成较为罕见的抽屉桌、条案、围棋桌。改制者对古代家具的改制因器而异，手法多样，如果不进行细致的研究，一般很难查明。为适应现代生活的起居方式，迎合现代社会坐具、卧具高度下降的需要，把高型家具改为低型家具；将传世的椅子和桌案改矮，以便在椅子上放软垫，沙发前摆放沙发桌等，这些迎合世风的改制行为对古家具简直就是毁灭性的破坏。

崭露头角的漆木镶嵌家具

在浙江省余姚县河姆渡村新石器时代遗址第三文化层中，出土了一件漆木碗，这是中国目前发现最早的漆器，距今已有7000余年历史了。此外，在浙江余杭安溪乡瑶山古墓中还发掘了一件嵌玉高柄朱漆杯，说明中国良渚文化的漆器已能和玉石镶嵌工艺相结合，距今已有4000多年的历史了。

商代漆器工艺已达到了相当高的水平，不仅出现了把髹漆同镶嵌宝石相结合的工艺，还出现了在木胎上雕刻花纹后髹涂漆色的方法。如河南安阳侯家庄商代墓葬出土了木抬架盘，通长2.3米，长方形，四角附有四木柄，通体雕饰有花纹，两头形似饕餮，余者以波形线和圆形纹为饰，涂有彩色。木胎已朽，为木雕遗痕，似像抬运礼器用的“抬盘”。河南安阳侯家庄商代墓葬为商代后期的王陵区。该器在工式大型墓二层台上发现，与木器和木抬架盘同出土的有殉葬的人，大概是搬运礼器和管理仪仗的用人。

西周漆器已逐步成为一种新兴的手工业，从出土情况看，这个时期漆器工艺技术已相当成熟。西周漆器的特点是常用镶嵌蚌泡做装饰。用蚌泡做镶嵌，是周代漆器工艺的一种非常流行的装饰手法。所谓漆镶嵌螺钿技术，就是将贝壳或螺蛳壳等制成各种形象嵌在雕镂或髹漆器物表面、使其形成天然彩色光泽的一种装饰技法，也称螺钿或螺甸。西周时期蚌泡镶嵌，实际是后世漆器中螺钿的前身。在北京琉璃河燕国西周墓地中发掘出来的一批精美的漆器中就出土了漆木俎，其上髹漆、外表用蚌泡和蚌片镶嵌。镶嵌蚌饰大多数磨成不足2毫米厚的薄片，镶嵌的图案工艺细致。再如陕西长安县津河西岸的张家坡西周墓地出土的漆俎，髹褐漆，上镶嵌各种蚌壳组成的图案，色彩斑斓，堪称中国早期漆木器家具中罕见的精品。由此可见，西周时期镶嵌漆木家具不但崭露头角，而且已达到相当高的水平。

磅礴凝重的商周家具纹饰

只要见过商周时期青铜器的人们，就会为青铜艺术表现出的神秘、威严、庄重的气氛所震撼。而这时期的家具装饰，往往和同时代其他青铜器装饰所表现出的装饰风格一样，采用对称式构图，多以单独适合纹饰为主，有主纹也有地纹。以饕餮纹为主，其次还有夔纹、龙纹、云雷纹等。

饕餮纹在考古界也称为兽面纹。饕餮的特点是以鼻梁为中线，两侧面做对称排列，上端第一道是角，角下有目，有的有耳和曲张的爪等。

龙纹一般包括夔纹和夔龙纹，宋以后将青铜器表现一足的类似爬虫的物象称之为夔，这是引用古籍中“夔一足”的记载。实际上一足的动物是双足动物的侧面描写。

饕餮纹和龙纹等纹样一般装饰在家具的面板或板足等处，具有强烈的神秘感。它们的形成具有一定的社会原因和社会基础，与当时社会生活、社会思想密不可分。这时期装饰艺术的宗教意义往往大于审美意义，家具装饰风格所表现出的审美要求，必须服从宗教意义。

自原始社会末期以来，至商、西周时期大规模氏族部落的吞并，使战争频繁，经常屠杀、掠夺、奴役成为社会的基本动向，社会是通过血与火的交融而向前迈进的。吃人的饕餮倒正好是这个时代的象征，它对异氏族是威严、恐吓的图案，又是本氏族的保护神祇，它体现了当时人们对自然认识和意识形态领域中浓重的迷信鬼神观念。这时青铜器包括青铜器家具多作为祭祀的“礼器”，献给祖先或铭记武力征伐的胜利。饕餮纹和龙纹等纹样所采取的既对称而又规整的形式，突出表现的是一种神秘威吓中的畏怖、恐惧、残酷和凶狠

饕餮纹

感，这些主要是为了服从于祭祀的要求，从而达到精神统治的目的。这种超人的力量与原始宗教神秘观念的结合，使这个时期青铜艺术，包括家具装饰艺术散发着一个磅礴凝重的力量感和狞厉神秘的艺术风格。

道器一体的家具

与殷人不同，周人在哲学思想方面提出了“德”的价值观念。同时，周人也十分重视“礼”。如“周人尊礼尚施，事鬼敬神而远之，近人而忠焉”，共赏罚用爵列，亲而不尊。(《礼记·表记篇》)。周人强调“礼治”，十分重视现实。礼的本质是等级和秩序。也正是由于这个原因，周朝的礼器家具已与宗法礼仪制度融为一体并上升为奴隶社会的上层建筑。

从“三礼”的记载中我们可知它影响着周朝的方方面面。尤其是体现在礼器家具，如俎、几、席、禁等的材质、形制、纹饰（如窃曲纹）、边饰及使用的数量和陈设的位置等各个方面。从中我们可以清晰地看到中华民族，特别是汉民族的神权、皇权、夫权的由来及当时人们的伦理道德和价值观念。因此，从某种意义上而言，这些礼器已不仅仅是供人使用的器具，更是象征着奴隶社会的等级、名分、地位和权利的“道器一体”的价值观念。

这是一种由龙纹或动物纹变形演化形成的纹饰，所以也称兽体变形纹。通常呈倒S或倒C形结构，以目形为中心，两端各有一段分刺向上或向下弯曲的线条，也有不少窃曲纹省略了中间的目形纹，仅以粗犷的线条组成。窃曲纹常见于西周中晚期和春秋早期的青铜器上。

礼仪文化中的家具——席

席是供人们坐卧铺垫的编织用具，是中国古老的坐具之一。席的产生很早，在《壹是纪始》中就有“神农做席荐”之说。在《礼记·礼运》中也有记载，如“昔者先王未有宫室，冬则居营窟，夏则居橧巢”。

古人席地而坐的起居方式更决定了席这一用具在我们祖先的日常生活中

占有非常重要的地位。上至天子、诸侯的朝见、飨食、封国、命侯、祭天、祭祖等重大政治活动，下到士庶之婚丧、讲学及起居等日常生活都离不开席，可以说它是古代用途最广的坐具了。

其实在遥远的大禹时代，席的制作技术已有了很大发展，出现了丝麻织物包边和边缘花纹装饰，并开始使用了茵席。（茵席就是车中所坐的虎皮垫子），只是在当时茵席的使用还不是很普遍。伴随着社会的发展，文化思想的进步，到了商朝的桀纣时期，妇女已坐文绮之席，穿绫纨之衣，茵席也得到较为广泛的应用。

到了周朝，丝织工艺较前代的基础上又有了很大的发展。尤其是到了西周时期，各种丝麻织成的毡、毯、茵、褥等用品已普遍应用。在周穆王时，就有“紫罗文褥”的记载。伴随着手编工艺和织绣技术的不断改进，席的发展出现了欣欣向荣的局面。其花色品种不断地增多。从制作工艺的角度看，席大体上可分为编织席和纺织席两种。

编织席有凉席和暖席之分。凉席多为竹、藤、苇、草编制而成，也有个别用丝麻。暖席则多为棉、毛、兽皮制成。《周礼·春官》中提到的“五席”便是指编织席，即“莞、藻、次、蒲、熊”。

莞席是由一种俗称水葱的莞草（也称小蒲）编制而成，是一种较为粗糙的、铺在底层的席子，常常作为铺在地上的“筵”使用。正如《诗·小雅·斯干》中写道：“下莞上簟，乃安斯寝。”

从广义上讲，凡是经过文采修饰，花纹精美、色彩艳丽的席子统称为藻席。但从狭义上讲，藻席指的是由染色的蒲草编成花纹或者是以五彩丝线夹于蒲草之中编成的席子，常常铺在莞席上使用。

次席是一种由桃枝竹编成的席。如郑玄为《周礼·春官·司几筵》中的“加次席黻纯”注曰：“次席，桃枝席，有次列成文者。”

蒲席则是一种由生长在池泽的水草（也称菖蒲、香蒲）编制而成，多铺在筵上使用，也有编织较为粗糙的，铺在下层用作筵。这种席子摸上去顺滑而不油腻，躺上去凉爽而不透骨。

熊席，是专用于天子四时田猎或出征时所用。相传是用熊皮或兽皮制成

的席子。

除此之外，编织席还有苇席、篾席、丰席及洗浴用的硼系席，郊祭用的缟素，等等。

纺织席则有毡、毯、茵、褥之别，多以丝麻为原料。

毡是一种以兽毛和丝麻混织而成的坐卧具。

毯也是由兽毛或丝麻制成，但它比毡更细密，更轻薄，在中国古代的西北少数民族中应用十分广泛。

茵和褥都是一个统称，前面讲到的毡、毯之类既可以称之为席和裀，又可以称之为褥。

周朝席的使用已与上层阶级的政治统治紧密联系在一起，席也摇身一变，成了阶级地位的象征。在周朝的礼乐制度中对于席的材质、形制、花饰、边饰以及使用都做了严格的规定，要视身份地位的贵贱与高低不同而用，不得有丝毫的叛逆。

在周朝，无论是达官贵族还是平民百姓在招待宾客时都要布席。而且席和筵经常同时使用，为了有所区别，人们便把铺在下面的大席称之为筵，放在筵的上面的才称为席。使用时，先在地上铺筵，再根据实际情况在筵上另设小席，人坐在小席上。为了表达对宾客的尊重，在布席之前，主人应先询问客人愿坐什么位置，脚朝哪个方向。反过来，宾客为了答谢主人的盛情及表达对主人尊重，在入席前应脱掉自己的靴子，登席过程当中，应由下而上进入自己所坐的位置，并且不得踏先进入的人的鞋子，更不能踩在坐席上。入席后，宾客还应抚席而谢之。

此外，在席的使用上还有单席、连席、对席和专席之分。

单席是为尊者所设，以表示对他们的尊敬。连席则是一种群居的坐卧方法。古时候铺在地上的横席可容纳四个人，让年长的人坐在席的端部，而且所坐之人还要尊卑相当，不得悬殊过大，否则长者或尊者就会认为是对自己的玷污。如果超过四个人，则要推长者坐在另外的席子上。对席是为能互相讲学而专门设置的。专席则是为有病者或有丧事者所用。在古代，如果某人带着不吉利的事情（如亲人死丧、犯罪坐牢或亲人患有疾病等）去赴宴，就

应自觉地坐在旁边的专席上，以表示对主人的尊敬。此外，在席的使用方法当中还有“加席”和“重席”的礼法，这些也是对尊者的礼貌。其用法要视身份、地位、权利的不同而定。

知识链接

西周的饕餮纹俎与夔纹禁

饕餮纹俎于1979年在辽宁义县花儿楼窖藏出土。此器高14.3厘米、长33.6厘米、宽17.7厘米、板壁厚0.2厘米、重2.5千克，铜质，面板为长方形，口沿斜侈，其长方形的案面中部下凹，呈浅盘形。俎下为相对的倒凹字形板足，中为壶门装饰，板足空档两端有二半环形鼻连铰状环，环上分悬各吊有扁形小铜铃，板足饰精致的细雷纹、饕餮纹，铃上亦饰有花纹，铜铃制作精巧，其形式为中国青铜著录之罕见。大概因为先秦时所用的俎大多为木制，传世和出土的青铜俎极少，所以此器显得特别珍贵。此器现藏于辽宁省博物馆。

夔纹禁于1925年在陕西省宝鸡市戴家湾出土。该器高23厘米、长126厘米、宽46.6厘米，铜质，长方体无足承尊器。禁呈长方形，禁面有三个大椭圆形孔，孔周边起沿儿，可置酒器。禁的四周皆镂有长方形孔。面、侧均饰有夔纹边框。此禁形体巨大，似为承卣之禁。因为青铜酒器中，卣的圈足正是椭圆形。禁作为承放酒尊的器座，在青铜器中极为罕见。禁大概出现在商末周初，一直延续到春秋。美国纽约大都会博物馆藏有一器，形制与此相似。夔纹禁是中国古代家具箱形结构的前身，此器现藏于天津市历史博物馆。

第二节 春秋战国时期的家具

战国的彩绘木床

床的出现不会晚于春秋时期。河南信阳一号楚墓出土的战国彩绘木床，长 2180 毫米，宽 1390 毫米，通高 440 毫米，其形制与今天相差无几。床的四周有可拆卸的方格形栏杆，两边栏杆留有上下床的地方。床身是用纵三根、横六根的方木榫接而成的长方框，上面铺着竹条编排的床屉。床足透雕成对称的卷云形托肩，上有斗式方托，斗中间以方柱状榫插入床身之下的孔眼中。随床一同出土的还有竹席、竹木合制的空心枕等用品。

古代木床

家具制作在中国古代归于建筑业领域，古人称建筑业为营造。直到现在，中国台湾地区也多用“营造”一词。营造分大木作和小木作，其中小木作指的就是家具制作。所以建筑与家具同出一处，之间相互影响的因素也很多。战国彩绘木床的方格形栏杆就经常运用在建筑的门窗棂格上。

春秋战国时期的铜禁

“禁，承尊之器也”（《仪礼·士冠礼》，郑玄注）也就是说此时的禁也是用来放置樽、豆等酒礼器和其他祭祀用品的。看到春秋时期的铜禁，我们不得不为工匠高超的设计水平和铸造技术所折服，禁面的四边和四壁装饰着多层透雕蟠龙纹，器上攀附十二条龙，器的足是十条爬行的虎。

中国人是龙的传人。长久以来，龙凝结了中华民族特有的意象和文脉。龙的形象也是经过历史的不断积淀形成的。从这个器物中我们看到，2000 多年前的龙是如此的神态自若，荣辱不惊。整件器物一气呵成，气魄雄浑，装饰复杂但不多余。不仅起到了平稳承托的作用而且使器具本身也具有雕塑的美感，把功能性和装饰性很好地结合在一起。

战国时期的禁继承了这一特点。湖北随县出土的战国木禁，在一整块厚木板上雕刻而成，雕刻手法精美绝伦，禁面有方形凸起的全角包边，雕刻着与铜器类似的龙纹和云纹。面板当中有一个“十”字隔梁。腿部是形象生动的四只野兽，兽的前腿向上弯曲，连接禁面与禁座，下腿环抱方柱。通身黑漆为底，朱绘花纹，有草叶纹、陶纹、鳞纹和涡纹等。器物高 520 毫米，面长宽各 550 毫米，底座长宽均 418 毫米。

战国时期出现了一种无足禁，叫斯禁或禁棜。湖北出土的无足禁棜，是一个长方体的厚木块。禁棜通体髹黑漆，绘有红漆花纹。在四周和中间加绘

河南淅川下寺墓出土的春秋铜禁

陶纹。并在以陶纹构成的面板上绘有圆圈纹，其上放置陶方壶。

祭祀家用具——俎

俎，和禁一样也是多在祭祀时使用的家具，当时有木、陶、铜等多种质地。它们的大量出土，可见当时祭祀文化的繁荣。那时的祭祀已经从蒙昧、单纯中脱离出来，成为道德观念的载体和政治统治的工具。从俎的造型看，春秋战国时期的俎，已具备桌案的雏形了。河南出土的青铜俎，两端微翘，两端宽，中间窄，中部呈凹状，四足扁平。这种形状基本上是沿用西周时期俎的形制，只是制作上更加精美，俎四足断面呈凹槽形。俎面和四足都装饰有镂孔的矩形花纹，周身又饰以细线蟠纹。

湖北当阳出土的春秋漆俎，是典型的榫卯结合的家具。俎面底部开四个卯孔。四足为曲尺形，足顶部有榫，只要插入俎面底部的卯孔，俎便组装而成。面板四周起沿儿，两头上翘。俎面髹红漆。俎面板四角侧面由十二组三十只瑞兽珍禽组成，有鹿头、龙身、虎爪等融合为一体的动物。造型奇特，纹饰优美。俎长245毫米，宽190毫米。

战国时期的俎使用上比较随意。《史记·项羽本纪》中，樊哙对刘邦说“人方为刀俎，我为鱼肉”，意思是人家像刀和砧板，我们却像砧板上的鱼肉。可见俎的概念延伸到了砧板，这正是古代家具一物多用的结果。战国俎在形态上与春秋时期比较，足的变化比较大，大致分成四种形式：

1. 币形足。俎的面板呈长方形，在俎的长边中部加有一对足。足上端削出的长方形榫头插入面板的长方形的榫孔内，有的用横板加固。如河南信阳出土的战国漆俎，通过髹漆，在俎面、俎板的周沿以及足的外面绘有各种朱色云纹。

河南出土的青铜俎

2. 栅形直足。俎的面板由三根棱形高足支撑，高足的下端插于长条形的横

跗上。

3. 箱形式足。这种俎的足座由两个币形立板和两个横档板嵌合而成，使这种足座略似箱形。这种用榫接和嵌合的连接方式，经历了千年的斗转星移，不但流传至今，而且依旧坚固耐用，不得不令人惊叹。

4. 面板带立板。俎面上带两块立板，有的立板上伸出锥状立柱。

精美绝伦的楚式漆案与漆几

从考古发掘的情况看，目前为止发掘出的楚墓有 5000 余座，其中千余座出土了漆器，出漆案、漆几的墓葬有几十座之多。

1. 漆案

漆案的形式很多，面板有正方形、长方形和圆形之分。其中有拦水线四边起沿儿的长方盘形漆案很具特色，此案主要是承置食器的平面器具，为进食之具，形如旧时饭馆上食的方盘，盘面案是由漆盘发展而来的。案和盘的区别在于案下有矮足。《急就篇》颜师古注曰："无足曰盘，有足曰案。"以食案的功能而论，这类案面非常平整，主要是案上要放置盛满食物的食具；为防止食物汤水外溢，案周起沿儿或拦水线；因为古人"席地而坐"，就食的器具较矮才相适宜，加之需"持案进食"，案上陈放的应是较轻、较小的食具，所以整个漆案较矮，造型轻巧，案板也不宜太厚。该类出土的漆案较多，例如信阳 1 号墓、天星观 1 号墓、湖北江陵藤店 1 号墓、绍兴凤凰山木椁墓中都有发现。这类案中还有一种制作非常精制的案，案面常绘金、银、黑、黄的角涡纹、云纹组成的四方连续图案，其色调富丽非前代所能比拟。而案的四隅嵌有铜角，两侧镶嵌有铜铺首衔环和蹄状矮足。比较著名的有信阳 1 号墓出土的案，该案面髹朱漆地，上绘 36 个圆涡纹，排列成 4 行，每行 9 个，用绿、金、黑三色组成粗线条图

明清家具珍品长漆案

案。翘起的案沿外面削成斜面，面内呈弧形，有铜角，镶嵌有铺首。此外在信阳2号墓、鄂城4号墓、湘乡牛形山1号墓、湖北江陵望山1号墓等出土的漆案都与此类相同。这类案足比较矮，而且比较轻便，图案花纹整齐，色彩鲜艳，纹饰秀丽，线条流畅。

还有一种为大型盘面案。一般案面为木质，呈长方盘形，由两块木板拼合，周边略高，四角嵌截面为直角形的曲尺形铜构件，构件拐角处尖状上移。如包山2号楚墓出土的大型盘面矮足漆案，长182.8厘米、宽85.4厘米、高13.6厘米，背面各有一道燕尾形凹槽，槽中榫入截面为燕尾形的楔木。楔木两端分别套接马蹄形铜足，足上端为兽面铺首衔环。通体髹黑漆。铜曲尺构件上错银折线式二方连续勾连云纹。其用途可能仅用于就食或聚食，不便做搬抬进食之用。

此外还有圆形案，如江陵雨台山楚墓出土的圆形木案。圆形三足。《说文·木部》曰："棂，圆案也。"上有用过的痕迹，背面髹红漆。

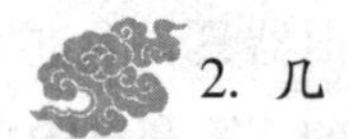

2. 几

几在先秦文献中多有记载，《周礼·春官宗伯·司几筵》曾记载先秦的所谓"五几"之制，文中指出先秦礼仪活动中不同场合以五席与玉几、雕几、彤几、漆几、素几五种古几相配使用。

1. 玉几，板足。如信阳2号墓出土的嵌玉几。几四周均匀镶着20块，每块约为1.5立方厘米的白玉，非常精美。这种造型也是所见最早的一件。此类造型显著特点是由三块木板合成，中横一板，两侧各立一板，以榫眼相连，从侧看恰似"H"形。但形制多样，有的侧立板顶部向内卷曲，有的髹饰纹饰，有的镶嵌玉石。"H"形漆玉几，其造型厚重古拙，可以看出工艺美术从厚重庄严的青铜艺术向绚丽轻巧的漆器艺术发展中过渡的时期特点。

2. 雕几，一般为栅形直足，每边有四根圆柱式足呈并列状，均衡而对称。有的栅形加斜撑足。如湖南长沙浏城桥的战国早期墓葬中出土的雕刻木几。通体髹黑漆，发亮，长方形几面用一块整木雕成，浅刻云纹、两端刻兽面纹，兽面纹甚为精美生动，刀法娴熟。几下两边各有栅形柱状足6根，其中4根

直立承担托几面，下插入方形榫中。另有两根从足座柎木交叉于几面腹下形成斜撑，不但造型轻盈秀丽，而且使几足更加牢固。这种做法是目前所见最早的一件。另外在信阳1、2号楚墓中也各出了一件雕几，整个几面全部浮雕兽面纹，刀法极为熟练，十分精美。

3. 彤几，即朱红色几，这种几在楚系墓中时常出现，如随县曾侯乙墓就出土过这样的几。该几的特征突出的色彩是朱红色。

4. 漆几。漆几并非指用漆制作或漆髹几身，而是指其物黑。信阳1号楚墓中出土了一件通体髹黑漆的几，应为漆几。

5. 素几。在先秦古文献中，素色通常是指白色而言，楚墓中出土过白色饰几。

若按几的形制来分，其变化就更多了，单从几足看就有许多种，且变化多端。有单足几，这是一种古老的凭几。单足几，一般几面较窄，有的面板下凹。两端底部各装一圆柱形足，呈“S”形曲线，下有拱形座。在信阳楚墓、江陵雨台山楚墓、长沙楚墓中均有发现。有栅形直足几，一般几的两端各有三足，每外侧两足内收为曲线，下有拱形横柎。

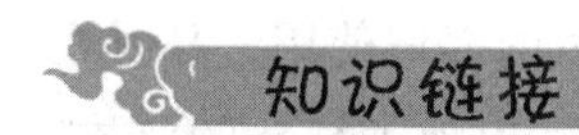

家具化整为零的作伪手法

把一件完整的古代家具拆改成多件的具体做法是，将一件古代家具拆散后，依构件原样仿制若干件，然后把新旧部件混合组装成若干件新旧构件混合的原式家具。最常见的实例是将一把椅子改成一对椅子，甚至拼凑出4件一堂，每件都含有旧的构件，诡称都是旧物修复。此种作伪手法最为恶劣，在鉴定中如发现被鉴定的家具有半数以上的构件是后配的，就应考虑是否属于这种情况。

别具风格的楚式小座屏

屏风，即室内挡风或作为障蔽的用具。屏风和床、案、几一样，几乎是古代不可缺少的家具。屏风起源很早，它的使用在西周初期就已开始，不过当时没有屏风这个词，称其为“邸”或“扆”。扆，斧扆，或写作“黼依”，是古时天子座后的屏风，又可称为“康坐”，即专指御坐后所设的屏风。《尚书·顾命》：“狄设黼康缀衣。”《礼记》也载：“天子设斧依于户牖之间。”汉代郑玄注曰：“依，如今绨素屏风也，有绣斧纹所示威也。”《周礼·掌次》载“设皇邸”。“邸”，郑玄曾有注：“邸，后板也。”后板者，为大方板设于坐后，为斧纹，指屏风。皇邸，即周朝时为天子专用的器具。周天子在冬至祭时，背后一般“设皇邸”——即屏风。它以木为框，糊以绛帛，上画斧纹，斧形的近刃处画白色，其余部分画黑色，这是天子名位与权利的象征。就像《三礼图》中的斧扆。之后的文献常有记载，后世屏风应与此同时斧扆一脉相承。

屏风最初主要是为了挡风和遮蔽之用，但随着屏风的普遍使用，品种也不断增多。到春秋战国时期，屏风的使用已相当广泛，出现了精巧的座屏，

楚式小座屏

属于陈设于房间的以纯装饰性观赏为主的精美华丽小座屏，说明随着社会的进步，家具开始具备了欣赏价值。而楚墓中保存了目前所见最早和最完整的屏风精品，这些考古发掘资料为我们研究春秋战国时期的屏风提供了宝贵的实物资料。

从楚墓出土的屏风实物资料来看，楚墓屏风为彩漆木雕座屏，即一种透雕各种纹样或图案的屏风，屏为单层雕镂，屏、座一般连在一起整体雕成。其特点为造型精巧，大多属装饰性的小陈设。例如 1965 年湖北望山 1 号楚墓出土的一件彩绘木雕小屏。通高 15 厘米，长 51.8 厘米。两端着地，中部悬空，座上为长方形外框，外框中间透雕凤、雀、鹿、蛙、蛇等大小动物，屏座由数条蛇屈曲盘绕。周身黑漆为底，并有朱红、灰绿、金银等漆的彩绘凤纹等图案，雕刻的动物相互争斗，形态逼真，堪称艺术精品。再例：1978 年湖北江陵天星观 1 号楚墓出土了 5 件彩绘木雕座屏。由凸形座和长方形屏两部分组成。屏中间用立木分隔，两侧各透雕一龙 1 件和双龙 4 件，双龙背向，尾相连，各龙瞪目、吐舌、屈身、卷爪，做欲腾飞状。通体髹黑漆。座两侧斜面阴刻云纹，红、黄、金三色彩绘，两端侧面及立木饰三角云纹，龙身各部均用红、黄、金三色彩绘。雕刻技巧和工艺水平之高，实在令人惊叹。1982 年，湖北江陵马山砖厂 2 号楚墓出土了 1 件彩绘雕刻座屏，但被火焚烧甚残，仅存一角，周身髹黑漆彩绘，残高 8 厘米，残宽 15 厘米。

巧夺天工的青铜家具

商代青铜家具以祭祀用器为主，具有宗教性意义。周代家具以礼器为主，具有人事的定义。而春秋战国时期家具虽然仍旧带有礼器的特征，但已逐渐失去祭祀和礼器的职能，向生活日用器物方面发展。这一时期青铜家具与商、西周相比，有明显变化。

这个时期青铜器类家具除承前代青铜家具禁、俎等部分传统品类外，还出现了新的品种青铜案，而且不论造型还是装饰都与前代有所不同，特别是在家具制作工艺上不断创新。在制作上，由商周时期的浑铸，发展到分铸，

又采用焊接、镶嵌、蜡模等新技术、新方法，使青铜家具式样更加丰富多彩，玲珑精巧，其技艺达到历史的最高水平。青铜工艺制作技术的改进，加工方法种类繁多，因而大大加强了它的装饰艺术表现力，丰富了它的工艺形象。如焊接方法的应用，既便利了铸制过程，也可以丰富器体的造型，提高青铜器的艺术效果。金银错，是一种以错嵌金银为装饰的青铜器，在铜器上刻成图案浅槽，后用金银丝或金银片镶嵌（压入）槽内，用错石（厝石）再磨错平滑。厝石就是细砂岩。金银错是春秋战国时期青铜工艺装饰的一种新创造。鎏金是将金箔剪成碎片，放入坩埚内加热，然后以1∶7的比例加入水银，即熔化成为液体，这种液体也称为金泥，再将金泥蘸以盐、矾等物涂在铜器上，经炭火温烤，使水银蒸发，金泥则固着于铜器上，称为鎏金。最值得一提的是这时期失蜡法的运用。失蜡法制作简便，无须分块，用蜡制成器形和装饰，内外用泥填充加固后，待干，倒入铜熔液，蜡液流出，有蜡处即为铸造物。这样制作的器物表面光滑，层次丰富，可制作出复杂的空间立体镂空装饰效果，失蜡法的创造，是中国古代金属铸造和铸件装饰史上的一项伟大发明。

春秋时期，如1978年出土于河南省淅川县下寺2号春秋楚墓的云纹禁，

青铜猪尊

禁面四边及侧面均饰有透雕云纹，禁身前后两面各饰有 4 个立雕伏兽，左右两侧面各饰有两个立雕伏兽，禁体下共有 10 个立雕状兽足，禁四周围着的龙，以及立体框边、错综结构的内部支条均是用失蜡法铸造的，尚可见蜡条支撑的铸态，说明当时的铸造技术十分先进。有学者认为，此器是目前所知的中国最早的用失蜡法熔模工艺铸造的产品。再如河南省淅川下寺 2 号春秋楚墓出土的青铜俎，两端微翘，两端宽，中间窄，中部呈凹状，四足扁平。断面呈凹槽形，俎面和四足均饰镂孔矩形花，周身又饰以细线蟠虺纹。造型给人以轻巧的感觉。

战国时期，如 1997 年河北省平山县战国中山王墓中出土的错金银嵌龙形方案，案之四缘饰有错金银云纹，其上镶漆木案面已朽。案座为四龙四凤缠绕盘结成半球形，龙头顶斗拱承接着方案。龙凤之下为圆圈形底盘，盘缘饰有错金银云纹。盘下有 4 只梅花鹿，亦饰错金银云纹，动物造型尤为生动。

由于青铜家具采用模印的方法产生装饰花纹，所以四周衔接具有整体效果，统一而不单调，繁复而不凌乱。在青铜家具的装饰题材上，逐渐摆脱了宗教的神秘气氛，使传统的动物纹更加抽象化，出现反映社会现实生活的题材。这时期青铜家具造形附件既是装饰，也是整体造型的一部分。如淅川下寺 2 号墓出土的禁附有饰足，为富有生趣的动物虎足，尤为生动。而河北中山王墓出土的龙凤方案，其案面下的 4 足为梅花鹿足，栩栩如生。这些青铜家具上的造形附件，既起到装饰作用，又是整个造型、功能中的有机组成部分。另外还常在漆木家具上配以青铜器扣件，或镶嵌竹器、玉石等饰件，既增加了木质家具的牢固实用性，又增加了木质家具的装饰性。如漆木案上的四隅常常包镶铜角，两边也常加青铜铺首衔珏和装铜质蹄状矮足等。

总之，春秋战国时期青铜家具品类在工艺造形上与同时期的青铜器一样有着共同的时代风格特征，那就是轻巧灵秀。其造形曲折、圆润规整，寓变化于简练之中，镂空的纹饰、轻薄的器壁，给人轻巧、灵活、挺秀之感。从而充分展示了这个时期新家具工艺的新风格，这种新的特征代替了商周青铜家具那种神秘威严的特征，从而标志着中国青铜家具装饰艺术发展进入了一个新的时期。但是这个时期由于漆器的兴起，漆木家具逐步代替了青铜家具。

战国青铜联禁大壶

联禁大壶于1978年在湖北省随州市曾侯乙墓出土。禁高13.2厘米、长117.5厘米、宽53.4厘米、厚3.1~3.6厘米、重35.2千克。壶通高99厘米。铜质。禁面为长方形，有两个并列的凹圈以承放方壶。中间和四角有方形、曲尺形凸起装饰。禁的两长边有对称的四兽为足，兽的口部和前足衔托禁板，后足蹬地。禁面和侧面均有纹饰，方形和曲尺形凸起部位为浮雕的蟠虺纹，其他部分则为平雕的多体蟠虺纹。出土时两壶置于铜禁上，壶的形制、大小相同，敞口，厚方唇，长颈，圆鼓腹，圈足，壶盖顶有一衔环的蛇形纽，壶颈两侧攀附两条屈拱的龙形耳，腹部的凸棱将腹面分为8个规则的方块，每块内浮雕蟠螭纹。此器现藏湖北省博物馆。

青铜联禁大壶

知识链接

中国发现的最早的折叠床：战国折叠床

折叠床于1986年在湖北省荆门市十里铺镇王场村包山2号楚墓出土。拼合后通高38.4厘米、长220.8厘米、宽135.6厘米。其中床栏高14.8厘米、床屉高23.6厘米。两边床栏中间留出57.6厘米的缺口以供上下，缺

口两边栏杆均呈台阶状收缩。折叠后床架长137厘米、宽15厘米。木质。整床由床身、床栏和床屉三部分构成。每半边床身分别由床档、床枋、档枋连绞木、横枨组成。整床共6根撑。中横枨由两根形制完全相同的木枋勾连组成。床栏由横栏、竖栏和加固栏的竹片和木质立柱构成。竹棍穿连四排横栏，构成方格形床栏。床身中部不设床栏。床屉木质，高18厘米。由立柱和足座构成。足座均用长方形条木做成，上留透穿圆卯眼，经便立柱榫接。该床通体髹黑漆。该床的折叠方法是：先略向上提起安卯孔之中横枨，使钩状栓钉脱出，将两方框分开，并取下中横枨和其他横枨，然后将短连枋铰一端床枋先行内折，靠拢床档，再另将一侧床枋内折，靠拢另一侧床枋即折叠完毕。它是中国目前发现的最早的折叠床。

第三节
秦、汉、三国时期的家具

低矮家具的鼎盛时期

公元前221年，秦始皇统一了六国，建立了中国历史上第一个封建的中央集权制国家。秦国南征北战，纵横华夏大地的同时，吸收融会了不同地域

秦阿房宫

的文化，大一统之后又采取了一系列积极的改革措施，使秦国的政治、经济、文化都达到了一个全新的高度，正是在这种背景下，南方的楚式家具得到了广泛传播，中原地区的家具形态也有了进一步发展，南北家具逐渐趋于融合。秦朝统治的历史短暂，其出土的实物家具相应很少。但从雄伟的万里长城、规模庞大的阿房宫、震撼人心的秦皇陵兵马俑及出土的一些精美的漆器中我们可以感受得到当时家具种类的丰富，制造技艺的高超。

秦朝后期，奸臣当道，政局动荡，最终由汉王朝取而代之。汉朝是中国封建社会又一个辉煌的时期。汉灭秦后，采取了“休生养息”的政策，推行黄老之学，鼓励农桑，经过几十年不断的努力和发展，社会经济得到了全面的恢复，国势强盛，物质丰裕，手工业蓬勃发展。在这种政通人和的环境下，汉朝的南北家具相互交融发展，到了西汉中期基本上完成了南北家具的融合。与先秦的家具相同的是，汉代家具依然是在继承战国漆饰的基础上进行变化发展的，用色更加华美瑰丽，并且形成了比较完整的组合式系列家具。所不同的是家具中蕴含的礼教成分渐渐衰退，实用的性质逐渐加强。在这一时期，适应于席地而坐的中国低矮漆木家具进入全盛时期，不仅数量庞大、种类丰富，而且家具制作工艺比以前更加先进，榫卯构造更加科学合理，造型上实现了实用与美观相统一。装饰手法虽仍以彩绘为主，但已由黑红彩绘发展到多彩，并出现了堆漆的装饰手法。到了东汉时期，由于西域文化的传入，人们的生活起居习惯也开始发生了变化，由席地而坐开始慢慢向以床为中心的生活方式转变。家具的品种和样式也得到了较大的发展，最具划时代意义的是出现了由低矮型家具向高型家具演变的端倪。

以床榻为中心的起居方式

秦汉时期的家具是中国低矮家具的代表。这一时期的家具种类非常齐全，不但继承了春秋战国以来的家具样式，而且还创造出了许多新的品种，如专用坐具——榻，坐卧类家具的分工也越来越细。我们可以从汉代的画像艺术中看到当时人们生活的习俗仍是席地而坐，但是床和榻已经得到了广泛的应用，在人们的生活中扮演着不可缺少的角色，慢慢地以床榻为中心的生活起居方式逐渐取代了先秦以席为中心的生活习俗。

床榻在汉代兼具坐卧双重功能，不只应用于睡眠，还经常用于聚餐会友

床榻

等日常活动。床与榻在形式上略有不同，一般低而窄者为榻，高而宽者为床。

伴随着科技和镶嵌工艺的发展，人们对于床榻的装饰也愈加丰富、精美。由先人创造的帐幔已成为当时床上重要的装饰物及组成部分。它既可以防风避寒、避蚊虫，又可以使床在视觉上增加一份朦胧的美。此外，汉朝也出现了用珠、玉、骨等贵重物品作为装饰的床榻，但也只有贵族阶级才能用得起，如汉武帝的“七宝床”。这在《西厢杂记》里就有记载：“武帝为七宝床、杂宝案、侧宝屏风、列宝帐设于桂宫，时人谓之四宝宫。”

精美的漆器家具

长沙马王堆1号汉墓出土了2个漆案，1件漆几，1件屏风。长汉马王堆3号汉墓出土了1件漆几，1件屏风。

1号汉墓出土的2件漆案，器形和花纹均类似，大小基本相同。平底光滑，四角稍厚，翘起的案沿外面削成斜面，内侧呈弧形，深2.3厘米。其中一案出土时，上置漆盘、耳杯、漆卮、食物等。这种摆设，应为当时贵族宴饮时的情形。1号汉墓出土的2件漆案其底部均都有小矮足，虽不高，但与无足似浅盘的案有根本区别，应属家具类。无足浅盘，1号墓共出土了32个。

3号墓出土了1件龙纹活动漆几。几面扁平，长90.7厘米、宽17厘米。几面下部安有高矮两对足，一长一短，短足固定于几背面，其高度为16厘米，长足为活动式，有40.5厘米。为“活动式漆几”。1号墓还出土了1件木几，由几面、足、横柎三部分透榫而成，长63厘米，通高43厘米，几面窄长，制作粗糙，应为明器。

1号汉墓出土了1件直立板漆屏风，高62厘米。屏板下安有两个带槽口的承托足座，屏身黑面朱背，正面黑屏上彩绘一条盘舞于云气中的神龙，绿身朱鳞，体态生动自然。屏背朱地上绘满浅绿色棱形几何纹，中心穿系一谷纹圆璧，屏板四周围以较宽的棱形彩边。同墓遣策记载：“木五菜（彩）画并（屏）风一，长五尺，高三尺。”简文所记尺寸，为当时实用屏风尺寸，汉尺

雕几

五尺约合 1.2 米，其他文献记载汉代屏风有高 1.68 米。3 号汉墓也出土了 1 件屏风，高 70 厘米，其一面绘有神龙和云纹，另一面因漆器脱落模糊不清。这两件屏风尺寸都比较小，应为明器。

马王堆汉墓漆器家具在用材、结构、制作、功能设计以及装饰风格等方面，具有独特的工艺特征，说明汉初漆器工艺已达到日臻完善的程度。

1. 用材讲究。马王堆汉墓漆器家具用材工艺特点是选用优质和易加工的树木为原材料，所以其胎质为木胎。据有关专家初步考证，3 号汉墓活动几，几面可能为楠木，几足可能为杉木，1 号汉墓明器几可能是杉木。

2. 结构科学。1 号、3 号墓屏风座为弧形，上开 1.6 厘米 ×1.3 厘米的通槽，以便屏板插入。最巧妙的设计要算 3 号墓活动性漆几。矮足与几面用圆形暗榫相连而固定，内侧各有圆柱一根，插入二圆孔内可以转动，其上有 4 根长足以套榫相连。几背板中部有一活动木栓，可将不用高足卡挂于背面，如需抬高几足，可将矮足上一个活动暗榫卡住，从而充分地表现了汉代工匠们榫卯技术的高超。

3. 制作精良。汉代漆器制作工艺特点是非常严谨细腻、工序复杂、纹饰华美、光彩照人。长沙马王堆汉墓家具案、几、屏风等漆器的出土充分地证明了这一点。几面和案面为整木斫削，曾多次交替打磨、照漆，后纹饰，才会如此光亮。说明漆器家具制作精良。

4. 装饰绚丽。漆器家具以红色为主调，一般采用二方连续纹饰、点线结合，线条有粗细、刚柔、曲直和虚实的变化，构图疏密有致，各尽其妙。如云纹漆案，案面依器形髹红黑漆，黑漆地上绘红色和灰绿色云纹，内外绘几何云纹。黑漆地色冷、单调，其上用红灰、绿绘云纹，如高山流水，变幻莫测，动静结合，不失雅致和柔和的整体风格。活动漆几在光亮的黑色漆地上用红、赭、灰、绿等描绘穿雾、张牙舞爪的巨龙，装饰绚丽。

总之，马王堆汉墓漆器家具体现了精细华美、富丽堂皇的漆器工艺特点。

精致完美的竹器家具

马王堆 1 号汉墓出土了 48 个竹笥、4 条草席、2 条竹席。

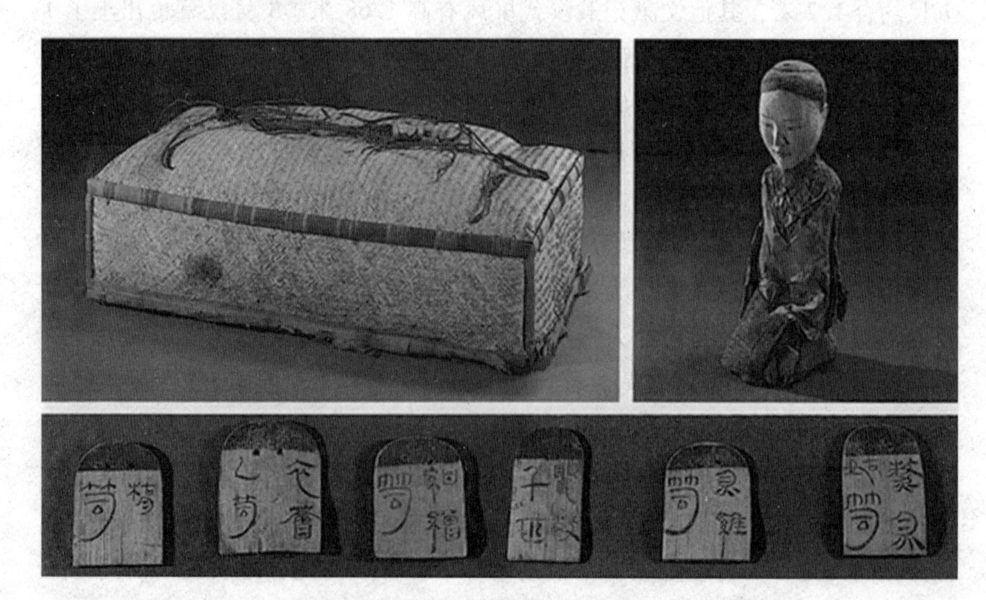

马王堆 1 号汉墓出土的竹笥

“笥”为盛放食品或衣物的方形竹器，属储藏类家具。1号汉墓的48个竹笥，出土时叠压三层，排列整齐，大部分外形完整，分别用麻绳索捆扎，有些保存了原来缄封的封泥匣和盛物名称的木牌，如“衣笥”“缯笥”等。

汉代床、榻及室内地面就坐处皆铺席。1号汉墓出土的4条草席，其中两条保存完整，大小基本相同，长2.2米，宽82厘米。以麻线束为经，蒲草为纬，其编织方法与现代草席相近。其中一条包青绢缘，一条包锦缘1号墓4条草席其质地为莞草所编。

1号墓出土的2条竹席，长2.35米，宽1.69米，遣策中称之为“滑辟（篾）席”。其质地较好，这种质量较好的席也称“簟”古时铺席，粗的铺在底层，细的铺在上层。簟比莞席精美，但莞席性温，竹簟性凉。长沙马王堆汉墓出土草席和竹席，说明这两种席子具有不同的用途。

长沙马王堆汉墓竹器家具在用材方面选用适合制作竹器家具的竹子精制而成，工艺制作采用竹器家具特殊操作技艺，功能设计便于使用和携带，从而充分体现了竹器家具以竹为本的艺术特点，发挥了其内在美的作用。

汉代的家具——案

汉代，案的名称也多了起来，出现了食案。食案大都形体较小且轻，史书中常有食案的记载。

汉代还有一种较大的案，用途较广，读书、写字、进食均可。它和专用的食案不同，食案往往在边沿做出高于面心的拦水线，而这种案不但案面平整，且案足宽大，并做成弧形。一般用途不同，名称也各异。读书、写字的叫书案；皇帝上朝及各级官吏升堂处理政事的案多称奏案。

此外，还有一种用于坐卧的毡案。《周礼·掌次》：“王大旅上帝，则张毡案，设皇邸。”《通雅》载康成注：“以毡为案也。”《六书故》中把毡案作榻类解释，又说：“在今为香案之案，以毡饰之。”《格致镜原》载张皇邸注曰：“祭天于圆丘，张毡案，以毡为案，于幄中以皇羽覆上邸后板也。染羽象凤凰羽色为之。”以上说的是，在案面上铺设毡垫，供人坐卧，在这里，案又成为

书案

供人坐用的独坐床了。

还有一种叫欹案。《通雅·杂用》说："欹案，斜搘之具也。"实际上是以案当几，侧坐靠倚，与几的作用相同。《三国志》载："曹操作欹案，卧视书籍。"

屏风之名出于汉

《三礼图》说："屏风之名出于汉世，故班固之书多言其物。"《史记》有"孟尝君待客坐语，而屏风后常有侍史主记君所与客语"的记载。徐坚《初学记》也说汉赋中多有屏风的记载。由此可知，屏风之名在汉代已被广泛使用。追溯屏风的起源，则要上到西周乃至更早。不过当时不叫屏风，而叫"邸"或"扆"。

屏风不仅有屏蔽挡风的作用，也是一种很讲究的陈设品。到战国时期，屏风的制作已有很高的工艺水平。河南信阳战国楚墓出土的漆座屏，虽属陪葬明器，然制作技巧和工艺水平之高，令人惊叹。屏座由数条蟠螭屈曲盘绕，做工圆滑自然，加上彩漆的装点，蟠螭蠢蠢欲动，更为妙趣横生。

汉代时，屏风的使用日趋普遍，有钱有地位的人家都设有屏风。据《西京杂记》载："汉文帝为太子时，立思贤院以招宾客。苑中有堂隍六所，客馆皆广庑高轩，屏风帷帐甚丽。"汉代屏风在种类和形式上也较前代有所增改，

除独扇屏外，还有许多多扇拼合的曲屏（也称连屏、叠扇屏）。此时，屏风多与床榻结合使用屏风多为三扇，两面用将后面两扇拉直，将一端一扇折成直角，屏风即可直立。屏风也有独扇的，放在身后，长短与榻相同。

屏风一般多用于室内，偶尔也在室外使用，但不多见。有一种较大的屏风，专为挡风起遮蔽的作用，位置相对固定，名曰“树”。也有把屏风称为“塞门”、“萧墙”或“罘罳”的。罘罳一般专指挡门的屏风。

室内所用屏风，大多用木制成，而室外的屏风，用木制的就不多了。为了禁得住风雨侵蚀，常用土石筑砌，作用等同于我们今天所见的影壁和照墙。据晋代崔豹《古今注》载：“罘罳，屏之遗像也，熟门外之舍也。臣来朝君，至门外当就舍，更详熟所应对之事也。”意思是让人行至门内屏外时，稍事停留，将所需应答的问题再考虑一下。这里有屏风遮蔽，虽已进屋，然未见面。一旦绕过屏风，便须见礼应对，无暇思索。因此，当门设屏，第一可以挡风避光，第二增加了室内的陈设，第三为来客划出一个特殊地段，给人一个思考准备的场所。

罘罳之名，由来已久，到王莽时才渐渐不闻。当时人们多把罘罳解释为“复思”，王莽篡政后，改国号为“新”，下令禁用罘罳之名，并拆去汉陵罘罳，其意在于使人们不复思汉。

汉代屏风多以木板上漆，加以彩绘。造纸术发明后，则多用纸糊，上面图画各种仙人异兽等图像。这种屏风比较轻便，用则设，不用则收起来，一般由多扇组成，每扇之间用钮连接，可以折叠。人称曲屏。四扇称四曲，六扇称六曲。还有多扇拼合的通景屏风。

屏风还有镂雕透孔的，河南信阳楚墓就出土过一件木制镂雕彩漆坐屏。中间镂雕出立体感很强的图案，是一种纯装饰性的屏风。汉代，这种屏风很盛行，《三辅决录》载：“何敞为汝南太守，章帝南巡过郡，有雕镂屏风，为帝设之。”

还有一种较小的屏风，名曰“隔坐”，多为独扇素面。

装饰与贴皮子的更改

为了提高家具的身价而任意增删、改动原有结构和装饰，比如没有装饰、雕饰的明式家具价值更高，所以就把一些清式家具上的装饰拆掉，用来冒充明式家具。

在普通木制家具的表面“贴皮子”，伪装成硬木家具，也称“包镶家具”。在包镶家具的拼缝处，往往用上色和填嵌来修饰掩盖，做工精细的外观几乎可以乱真。需要说明的是，有些家具如琴桌，出于功能需要，为了获得良好的共鸣效果，需采用非硬木做框架，采用包镶工艺制作，或是其他原因，不得不采用包镶法以求统一，不属作伪之列。

东吴宴乐图漆案与漆盘

宴乐图漆案于1984年在安徽省马鞍山市雨山乡安民村东吴墓出土。长82厘米、宽56.6厘米。木胎，已残。案面呈长方形，四周起矮沿，沿上镶嵌鎏金铜皮。背面附加两木托，托端有方孔，安装4个矮蹄足。髹漆红、黑、黄等色。主体图案为宫廷宴乐场面，共画出55个人物。画面线条简洁，色彩和谐。四周衬托夸张了尾部的禽兽纹、云气纹。背面髹黑漆，正中朱书一“官”字。整个漆案画面采取人物、宴乐等新的装饰手法和平列式的构图，打破了楚汉以来漆木家具以云龙纹、瑞兽为主的装饰手法，充分体现了这个时期漆木家具工艺的新特点。此物现藏安徽省文物考古研究所。

东吴宴乐图漆案

生活图漆盘于1984年在安徽省马鞍山市东吴朱然墓出土。器物高3.5厘米、直径24.8厘米。旋制木胎。此盘平沿直口、浅腹平底，沿与底部各有一道镏金铜扣，红漆髹器内，黑漆绘图画，外髹黑漆。盘内画面人物除最下排为出游室内场景外，其余均为室内情景，最上处有墙壁和门等，中间有各类日常生活的人们，人们都是席地跽坐，分别在宴宾、梳妆、对弈、驯鹰等。从画面上可以看出这个时期人们室内的所有一切活动仍是依席而坐，摆设在人们面前的圆形案、镜架等家具仍为低矮的家具。生活图漆盘的出土反映了这个时期家具的特点和风貌。此物现藏于安徽省文物考古研究所。

知识链接

汉代的床榻

古代对床的称呼因各地方言不同而有不同的名称。史书关于这方面的记载很多，尤以汉代扬雄所著《方言》一书介绍最详。在汉代以前，中国山东一带称床为“箦”；河南开封以东，南至安徽旧亳，以及湖南、湖北、江苏、江西、浙江、河南南部广大地区则称床为“第”；东滨渤海、南界山东、河南、西界山西、北界内蒙古、满州及东北三省广大地区把床称为“树”；甘肃至陕西、山西太原县东北及直隶、广平、大名等地称床为“杠”，湖南南部称床为“赵”；原齐国（山东）东部和东海与泰山之间地区又把床称为“梓”；河北南部、河南北部、北京南部及山西北部地区均称床为“牒”或“牑”。

第三章

承前启后的高低家具

中国古代人们起居方式的变化可分为席地而坐和垂足高坐两种方式，古代家具形制变化主要围绕这两种方式的变化而变化，出现了低型家具和高型家具两大系列。从三国两晋南北朝一直到隋唐时期，人们席地而坐的生活习惯仍然没有改变，但西北少数民族进入中原后带来一些高型家具，出现垂坐的“虏俗”。这些与中原低型家具进行融合，使得中华大地出现了许多渐高家具，如矮椅子、矮方凳、矮圆凳等；睡眠的床在逐渐增高，上有床顶和床帐，可垂足坐于床沿，可以说传统的席地而坐不再是唯一的起居方式，也使得家具的型式不断发展变化。

第一节 魏晋南北朝家具

文化交融孕育出的新式家具

魏晋南北朝（220—581）300 余年的战火纷飞，导致了各民族间的融合。由于东汉封建体制的过分封闭，导致了政体由内而外的分裂，三国鼎立的局面又加浓了军阀混战的硝烟，继而在短短的两晋统一之后又迅速解体，形成了五胡十六国割据局面，战事频繁更是不言而喻。整整 300 年的战争，使社会动荡不安，经济一蹶不振。百姓因躲避战火而流离失所，苦不堪言。以汉文化艺术为主体的传统文化，在饱经战火摧残之后已经没有了昔日的辉煌，但是文化的发展是不断更新的过程，在 300 多年的时间里，大量少数民族纷纷进驻中原大地，各种文化形式在这一特殊历史条件下得到充分的交流和融合，为隋唐时期文化的高度繁荣铺平了道路。

当时的人民深受战争和赋税徭役之苦，精神苦闷。来自佛国的召唤使人们痛苦的心境得到慰藉，统治者更是把佛教当作一剂治国良药。所以佛教在魏晋南北朝时期得到充分发展。传经求法的佛事活动日趋频繁，统治阶级在北方大量的开凿石窟，从前秦建元二年（366 年）敦煌石窟的开凿以后，相继又在北魏时开凿了云冈石窟和龙门石窟，在南方营造大量寺院，正如唐朝诗人杜牧所写："南朝四百八十寺，多少楼台烟雨中。"可以说这一时期是佛教文化在中国历史上形成的第一次高潮。

佛教的盛行，把异域文化带到了中原大地。异域的价值观、审美观通过佛教造像和壁画中的人物形象、服饰、家具等方面慢慢渗透，影响到当时人们生活的各个领域。这时天竺佛国的大量高型家具，如椅、凳、墩等，随之进入了汉地，这对汉地的生活习惯，特别是席地而坐的起居方式是一个极大的冲击。从此，华夏古国席地而坐的起居方式和文化开始动摇，伴随着高型坐具而来的垂足坐的生活方式，也自然地进入了汉地生活。

这种局面势必加快了民族大融合的进程。大量西北少数民族的到来，带来了胡椅、胡床等高型家具。它们与中原家具进行融合，使得中华大地上出现了许多高于传统铺地家具的新型家具，如矮椅子、矮方凳、矮圆凳等。以前坐卧用的床榻也逐渐增高、增大，有的床加上了床顶和床帐，床沿也开始增高，人们可以垂足坐在床沿上。不过这时的高型家具和垂足坐的生活习俗只流行于上层贵族和地位较高的僧侣，只有少数人使用，所以这一时期只是高型家具的萌芽时期。

而在这个时候，汉地的本土文化也在发生变化，一种特殊的“魏晋玄学”悄然兴起，玄学中“无”与佛学中“空”有极大的相似之处，它们交相呼应，同样藐视着传统的礼制，这时，传统礼制不再是人们信守的准则。准则一打破，文化发展便呈现出丰富多彩的局面，人们的生活方式也变得自然、多样、不羁与解放。

在这个时期，正襟危坐不再是唯一的坐式，那些侧身斜坐、盘足平坐、后斜倚坐等在以前看来不合礼制的坐姿渐渐流行。同样流行的还有不合礼制的“虏俗”。家具制造在用材上也日趋多样化，除漆木家具外，竹制家具和藤编家具等也给人们带来了新的审美情趣。家具的装饰题材上，也打破了过去神兽云气的传统内容，出现了反映当时宇宙的新题材和佛教符号。佛教的象征，莲花、火焰纹、飞天纹饰等已在家具装饰中得到广泛的应用。既受到异域文化的影响，又有自己独特的清秀风格，成为这一时期家具装饰纹样的艺术特点。

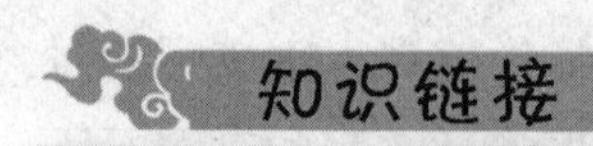

知识链接

家具“包浆”的做旧处理

长期使用的家具表面会形成“包浆”，这是作伪造不出来的特点，原因在于硬木无漆家具年久，表面木质会在阳光和空气的影响下发生改变，再加常年使用、擦拭，表面会形成精光内敛的独特效果。漆木家具的表面漆层即使不出现剥落，也会有断纹出现，这些断纹所具有的是一种天然的形状，是作伪者人工做不出来或不能仿制得很像的。家具做旧是把新做的家具经过烧碱水浸泡处理后使其看起来很陈旧。也有的用锅底灰、黑墨汁或其他涂料将其涂脏。另外，为了显示其破损，精明的造假者还故意磕掉或磨掉一些边边角角。新老家具的区别是很明显的，判断磨损程度也不困难，凡是老家具经过多年的使用，许多部位变得圆润光滑，当初制作时工具留下的痕迹很多已经看不到了，残留下来的。经过多年的磨损，看上去也是不规则和自然的，而后仿的这些家具，许多地方看上去比较生硬，见棱见角。如果仔细观察的话，有的还可以看出制作时刀斧留下的痕迹。此外，从木质的收缩程度上，也可以看出新仿家具的一些破绽。老家具经过多年的流传，木质已经自然风干，木料的韧性都已经没有了，因此在90°拼角上开胶一般是上下平行的，但是新仿的家具木料是烘干的，虽然表面上干了，但是内部结构并没有彻底干透，收缩后造成的小裂缝都是里边大外边小。在老家具里，我们是看不到这样的裂缝的。

形体趋于高大、宽敞的床榻

三国两晋南北朝以后，一方面由于北方少数民族的影响，另一方面由于生产技术的进步，房屋不断增高。随着室内空间日益扩大，日常生活中的家具也有所变化，不仅种类增多，且高度也相应升高。如晋代画家顾恺之的《女史箴图》中所画的床，其高度高于战国、秦汉时期的木床。周围有可拆卸的矮屏，床前放木踏，可供上下床和放置鞋子。尽管当时人们席地而坐的习俗未变，但增高的床可使人跪坐于床上，也可垂足坐于床沿。再如顾恺之的《洛神赋图卷》的箱形结构式榻，北齐《校书图》插图中的大型箱形结构榻，此类榻为长形，上可坐多人，在榻上或侧坐斜倚、或品茶、或宴饮，每块蕊板有壶门镂空。这种箱形结构来源于商周时期青铜禁的结构，是中国古代家具主要构架形式之一。此类榻也较前有所增高。可见此时床、榻开始向宽大渐高方面发展。

围屏架子床

魏晋南北朝时期，虽然人们的生活中通常还是席地而坐，但坐榻的习惯也很盛行。

一是榻上设有凭几作为倚靠。东晋画家顾恺之《女史箴图》中的围屏架子床就是例证。这种床的足座已比较高，是典型的“壶门托泥式”，即床足间做出壶门洞，下有托泥；床上设屏，此床的床帐与床体合二为一，可以说是“架子床”的最早实例。类似的“架子床”形象在河南洛阳的北魏石刻中也有数处。床榻上分别坐着男女二人，男子正在对女子说教，床榻后面及两侧的围屏亦为多扇式，床榻下为壶门托泥式高座，其前分设一长几。

二是河南邓县画像砖及山西太原北魏石刻的坐榻。榻上架以尖顶或平顶的榻帐。前者的榻是多面体，后者是正方体。东晋壁画中也有这种榻，有的

河南洛阳北魏石刻中的床榻

还在榻上设屏。

三是与上述坐榻结构相似的独坐式小榻。这种小榻不设帐，有的设有三面围屏。这时大多数的坐榻已经形成时代特色。如榻下普遍施以壶门托泥座或无托泥的壶门洞形式，榻体一般较汉榻要高，也更为宽大。尤其是东晋和南朝时期，坐榻高大、宽敞的特点更趋于明显。如东晋顾恺之的《洛神赋图》中描绘的独坐榻以及《历代帝王图·陈文帝像》中豪华的独坐榻。山西大同的北魏漆画中的独坐榻与西安出土北周的石榻非常相似，甚至连腿之间草叶倒刺装饰都几乎一致。

四是大型带帐六足或七足床榻。六足床榻分别见于龙门石窟中的“涅槃图”和北朝墓壁画《维摩说法图》等。它们都是描绘正面的形象，中间的足粗壮，两侧脚呈弧形外张。其中北朝墓壁画中的床榻之上另设有八曲屏风，中间四屏绘有类似“竹林七贤”的饮酒作乐的人物，我们看到帐顶饰以花草，帐前及两侧设有帷幕，装饰十分华丽。

在山东隋墓的壁画中可以看到大型的七足床榻。壁画描绘的是徐侍郎夫妇宴饮的场面。徐侍郎夫妇端坐在一张大榻上饮酒观舞，两人的身前设有几案，徐夫人背后还依有隐囊，榻上设有榻帐、围屏，榻座甚高，榻面厚重，榻前三足，榻后四足，足与足之间挖做壶门洞。画面采用透视手法，绘画水平很高，榻体结构清晰。

五是北齐《校书图》中的大型板榻。此榻为典型的壶门托泥式高座，其高度已经过膝；榻座前有四个壶门洞，侧有两个壶门洞，榻体厚重宽大，可供多人在上面活动。这种大型榻在以后的唐代经常出现，尤其为僧侣和文人所喜爱。

几、案和隐囊的流行

受玄学与佛学等新思潮和少数民族自由生活习惯的影响，闲散、舒适是这一时期人们的要求。三足抱腰式凭几是这种要求在家具上的直接体现，这也是魏晋南北朝时期最为流行的凭几式样。通常几身是扁圆半环形，两端与中间分别有兽蹄形足，三个足均外张，使着力重心落在了一个三角支撑点上，十分符合力学的形体稳定原理。凭靠时可以随时调整身体的坐姿，不至于产生疲劳。材料上也有陶、瓷制等多种。而且这种三足抱腰式凭几的用处很灵活，可以放在身前，也可以放在身后，还可以左右扶依。这种凭几的曲线造型深具美感，在唐代画家孙位笔下的《竹林七贤图卷》中更能体现出优雅的气质。

《竹林七贤图卷》中闲逸的主人公背后的软靠垫叫隐囊。这种始于汉代的靠垫在魏晋南北朝以后逐渐流行。隐囊形体像个球囊，内填棉絮、丝麻等物，外套以锦罩，有的还绣上各种花纹图案，十分华美。

隐囊的形象在墓室壁画、石刻造像及传世绘画中多有出现，如北魏石刻中的隐囊、龙门石窟北魏石刻《维摩说法图》中的隐囊以及北齐《校书图》中侍女所抱的隐囊。

魏晋南北朝时期的案仍分长案和圆案两大类，每一类中都有无足和有足两种。但纵观案的发展趋势，有足的案越来越多，无足的案渐渐被各种各样的盘、碟、托等取代。案的形制、制作工艺和使用方式等，除主要继承了汉案风格外，同时出现了许多新特点。

1. 形体结构上变化十分明显。魏晋南北朝时期的案和汉朝的案比较，普遍增高、增大。长案、大案渐渐多了起来，翘头案明显增多。案的足部也起了变化，曲栅足明显减少，直栅的足明显增多。有的在足部的处理上还模仿榻的做法，将两足之间挖出延展的弧线形托角牙，这种形制类似后来的券门牙子。

至于圆案，魏晋时期还是多与樽、勺等配套使用，兽蹄足的肩部十分突出，造型更加厚重。但这类圆案到南北朝时期已经明显减少，案与樽的组合使用更是少之又少。

2. 制作工艺的创新。其中绿沉漆工艺、犀皮漆工艺和青釉瓷工艺等十分重要。绿沉漆即漆的颜色呈现深绿或暗绿色，经过髹漆工艺之后的家具颇有祖母绿、孔雀绿等宝石的韵味；犀皮漆的做法是先在家具平整的表面上堆出高低起伏的稠漆，再在上面髹以不同的漆色，早期多为绿、黄、褐等，最后磨平而露出不同颜色的漆层，绚丽多彩。绿沉漆制品在六朝时更为上层贵族和文人雅士所喜爱。正是由于南北朝时期的剔彩、犀皮、戗金银等工艺的发展，才有了唐朝雕漆和平脱工艺的第一个兴盛期。但由于这类漆器过于劳民伤财，在南北朝时期屡屡被禁用。

瓷器是在釉陶器的基础上发展起来的。瓷案在魏晋时期属于稀罕之物，但是到了南北朝时期，瓷案的数量已经相当可观。因为瓷案和釉陶案制作简便，一般士民阶层都能够使用，所以它比漆案更普及，是当时一种物美价廉的日常用品。

南北朝时期案的使用已经细分成为食案、书画案、奏案、香案等不同系列。案与几在功能和造型上也趋于统一，“几案”合称的情况已经很常见。

知识链接

“胡床”不是卧具

早在东汉后期，由于统治者的推崇，汉民族文化开始逐渐受到少数民族文化的影响。到三国两晋南北朝时期五胡入主中原，先后建立了许多少数民族政权，居住在中原的汉人多少也受到少数民族语言文化与风俗习惯的影响，其中北方少数民族传入的“胡床”，影响颇大。

胡床适应游牧民族的生活特点，可以折叠，携带十分方便。它适合于野外郊游、作战携带。古代多称北方少数民族为胡人，故名为“胡床”。但“床”字常引起后人的误解，把它和现代“床”的概念混淆，以为是一种专供睡眠的卧具。有些文字作品中，甚至让匈奴的单于和阏氏一起在“胡床”上睡觉。之所以产生这样的误解是由于对中国古代床的特点和用途不够了解。其实在汉魏时期，床并不仅仅是用于睡眠的卧具，而是室内适于坐、卧乃至授徒、会客、宴饮等多用途的家具。胡床就是从域外传来的新式坐具。

椅、凳家具崭露头角

随着西北民族大量进入中原，不仅东汉末年传入胡床，而且还输入了一些如椅子、方凳、圆凳等高型坐具。这对汉人起居习惯的改变和各种家具的演化带来了一定的影响。

我们今天坐的椅子，不管形制如何复杂，除现代化的转椅外，大体上不外乎两种类型，一类为交足椅，一类为正四足椅，前者从胡床发展而来，后者则从绳床发展而来。

有关椅、凳等高型家具的起源问题，要追溯到古埃及和古西亚一带的文化。因为位于非洲东北部尼罗河下游的埃及，早在公元前1500年前后，曾创建了灿烂的尼罗河流域的文化。从目前考古发掘的资料看，当时木家具已具有相当高的水平，取得了辉煌的成就。常见的家具有桌椅、折凳、矮凳、柜子等。凳和椅是当时最常见的坐具，它们由四根方腿支撑，座面多采用木板或编苇制成，椅背用窄木板拼接，与座面成直角连接，正规座

敦煌壁画中的方凳

椅四腿多采用动物腿形，如狮爪、牛蹄状，显得粗壮有力。从公元前1000年左右真吉尔里出土的墓碑上雕刻的北叙里亚女王的坐具，到公元前6世纪的希腊家具和后来的古代波斯等地都有椅子出现，而且座椅的形式已变得更加自由活泼，椅背不是僵直的，而是由优美的曲线构成。雅典考古博物馆收藏了公元前400年左右赫格索墓碑上雕刻的座椅。这种带靠背的椅子沿丝绸之路传入中国，只是由于中国人传统跪坐习俗，当时未能为人们所接受。高型家具同时影响印度，使印度佛教造像如犍陀罗式雕像中出现了垂足而坐的佛像，出现坐高足靠背椅说法的佛像。到了魏晋南北朝时期，由于佛教塑像、壁画的兴起与流行，这种高型坐具的佛像传入中国后，随同佛教本身为中国人所接受，从敦煌石窟塑像和壁画中可以看到许多垂足坐在椅、凳的僧人造像。

如在敦煌257窟北魏壁画，有一菩萨垂足坐于方凳上。另外还发现了圆凳，其面板为圆形，这种坐具两头大，中间细形如细腰鼓，故称腰鼓形圆墩。目前所见最早的圆墩为龙门石窟北魏时期壁画，其画上绘有一菩萨坐在细腰圆墩上。

同时在这时期如敦煌壁画285窟西魏时期壁画中，有菩萨呈跪坐状，其座椅上有直搭脑，有扶手，虽剥落，但椅子形象仍清晰可见。此石窟壁画中出现的椅子形象是中国至今可见较早扶手椅形象。同窟壁画中还有圆扶手椅形象，此椅扶手和靠背连成半圆形，有脚踏。

虽然这时期的椅、凳家具已崭露头角，但也只是刚刚起步而已，只出现于僧侣等上层贵族之间。

知识链接

《女史箴图》中的架子床

魏晋时期的架子床

魏晋时期的床榻，从形式上看并无多大变化，只是较前代更为普遍了。尤其是独坐榻，不论长幼，一般人都可以使用。如嘉峪关东汉墓画像石、武梁祠画像石《邢渠哺父图》和林格尔东汉墓壁画都绘有坐榻。辽阳棒台子汉魏墓壁画的独坐小榻、徐州十里铺壁画和大同北魏司马金龙墓出土的木板漆画中所绘小榻，从人物形象看，坐者大多并非长者，有的还是中年妇女。可见，魏晋时坐榻的习俗在民间已经很普遍。

东晋至南北朝时期，床榻等坐卧具开始向宽大发展。在历代帝王像中，南朝陈文帝的坐榻。北齐《校书国》中的坐榻，都比较宽大，从人物和家具的比例看，已具备了高足家具的特点。还有洛阳出土的北魏棺床，其造型特点已接近明清时期的罗汉床，床上装配着后背和边围子。这一时期，人们坐榻的姿势也和前代不同，基本改变了汉代跪坐的形式，而发展为两腿朝前向里盘曲的箕踞坐了。随着高型家具的逐步发展，垂足坐的习俗日益普及，东晋顾恺之《女史箴图》中绘有架子床，图上二人对话，其中一人垂足坐于床前长几上，生动地描绘出当时的生活情景。

《女史箴图》中所绘的架子床，是当时生活情景的真实描绘。在当时的史书中，有关架子床的记载也有所见。《世说新语·雅量》中有这样的一个故事：许侍中、顾司空俱作丞相从事，那时已得到丞相的信任。游戏、宴享几乎没有不在一起的时候。二人常在夜间至丞相住处宴乐。困乏了，丞相便让其到自己的帐中睡眠。顾司空到拂晓时仍辗转难眠，而许侍中上床后便鼾声大作。丞相便对其他客人说："这里也是难得的睡眠之处。"

文中虽未点明是架子床，但床上既然能挂帐，必定床上有架，说明架子床在两晋时期已很常见。

第二节 隋唐五代家具

弥足珍贵的隋代家具

隋代时间很短，所以保留下的家具较少见。河南安阳隋代张盛墓是一座有明确纪年的墓葬，为开皇十五年（595 年）。该墓中出土了一批白瓷烧制的家具模型，其中有案、凳、几、椅、箱等众多家具模型，这批家具简直就是隋代家具的缩影、现实生活的写照。

有关凳椅的形象在三国两晋南北朝时期的壁画上被发现，不见实物，但我们从隋代张盛墓中看到凳、椅瓷器模型。张盛墓出土了两件大体相似的白

瓷烧制凳。面板呈长方形，两端为板状足，长9.3厘米、宽4厘米、高3.5厘米。该凳面中央有两排方格纹，在靠近其中一排方格纹处镂雕两个长方形透孔和一个圆形的透孔，很可能是仿木制家具的榫卯。还出土了白瓷烧制的椅子，通高5.2厘米、长7.2厘米、椅面宽1.3厘米。靠骨为屏板式，并与坐屉相连形成一个梯形。从比例上看较低矮，而且比较古拙，反映了过渡时期家具的特点。

出土的案长3.5厘米、宽6.5厘米、高5.5厘米，长方形案面两头起翘，下有档板，并为镂空式格棂状，两档板外撇，可以使案面受力大而且均匀，案面两端翘起，不但具有装饰性，而且使所放东西不易滑脱。这种案源于楚墓中出土的漆案形式，到唐代仍在继续使用，直至明清时期的翘头案仍保留着这一时期的遗风。

同时还出土了起源也很早的单足几，其几面窄长，长12.2厘米、宽1厘米、高5厘米，两端各附有卷云纹形足，既具有稳定感，造型也非常优美，仍带有楚式家具的缩影。曲木抱腰三足几，样式与魏晋南北朝时期相似，高6厘米，呈半弧形，几面有三道凸弦纹为装饰，两端和中部有三兽蹄足。造型比魏晋南北朝时期更为优美。此凭几与南京六朝墓出土的凭几相似。

此外还有盝顶式盖箱，面板有呈长方形和呈拱形两种，其盖似子母口，正面有明锁，两侧有提手，其一高4.3厘米、长7.5厘米、宽4厘米。此种样式为后代所沿用。说明隋代箱形结构主要承前制，但制作更加精美。

河南安阳隋代张盛墓出土的凳、椅家具模型，从其比例来看比较低矮，但它反映了家具从低矮向高型发展完善的过程，高型家具仍带有低矮型家具的特点。

大唐盛世下富丽的家具

隋唐五代时期是中国家具发展的又一次高潮，也是中国家具历史上一个极为重要的转型时期——家具的主流从席地而坐的低矮家具到垂足而坐的高足家具。其实这种演变极为缓慢，在长达数百年的时间中，经历了自社会的

高层向低层，从都市到乡村的演变过程。这种演变的速度在盛唐时期开始迅速加快，尤其到了唐代中晚期至五代时期的变化最为显著。最终到两宋时期，低矮家具向高足家具的演变基本完成。

家具的演变直接反映出当时人们生活习惯的变化，引发这种生活习惯变化的主要原因是外来文化与中原汉文化的交融。这种交融在隋唐时期达到了一个新的阶段，也促进了大唐文化的辉煌。

唐代家具的造型和装饰风格与博大华贵的大唐国风同出一辙，都体现出盛唐时代那种气势宏伟、富丽堂皇的风格特征。家具制作在继承并吸收过去及外来文化艺术营养的基础上，进入到一个新的历史阶段。唐代家具在工艺制作上和装饰意匠上散发华丽、自由、清新的格调，从而使得唐代家具的艺术风格，摆脱了商周、汉、六朝以来的古拙特色，取而代之是华丽润妍、浑圆丰满、富丽端庄的风格，呈现出一代华贵气派。

唐朝各地有许多外国商人和佛教僧侣长期定居，他们的生活习俗和审美取向对汉文化的影响已经根深蒂固，所以身为汉人的皇族把“穿胡服、坐胡床、习胡乐”作为追求的时尚，这种主动的文化交流，不但加速了中国高型家具的演变，而且使唐代家具呈现异域的装饰图案和手法。

土木工程的兴建、手工业的发达，导致城市独立的手工业作坊的兴起以及官府作坊“劳役制”到“工役制”的渐变，这是手工业和工艺在唐代的重要特点，促进了唐朝及五代时期镏金、螺钿、木画、漆绘等家具装饰工艺的繁荣。

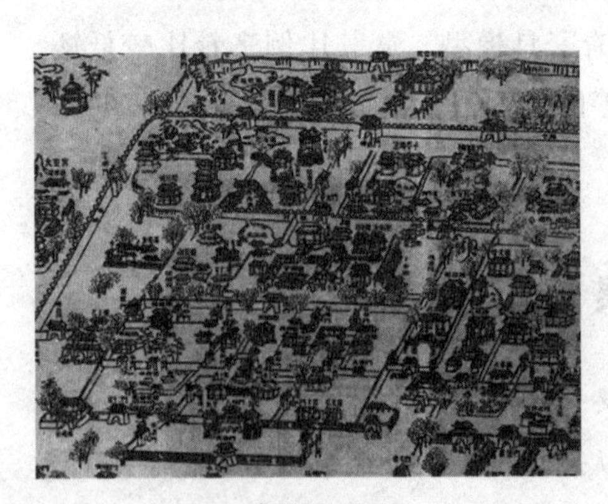
唐朝皇城图

唐后的五代仍是高型家具与矮型家具并存的过渡时期，但是此时高型家具似乎已占据主导地位，家具继续向高型发展。以《韩熙载夜宴图》和《重屏会棋图》的床榻高度，与江苏蔡庄出土的木床对照，高度相差无几。另外从画卷中的桌、椅高度看，也与人体垂足坐的比例相应。可见当时的

社会生活习俗，垂足坐已逐渐普遍。家具高型化又对住室高度、器物尺寸、器物造型装饰产生一系列影响。

五代十国时期的家具在唐代家具的基础上，变厚重为轻便，变浑圆为秀直，装饰上趋于朴素无华，不追求富丽的花饰。在书法中我们也可以看到这种“由胖到瘦”的变化：盛唐时期大书法家颜真卿的正楷圆润，丰腴雄浑，结体宽博而气势恢宏，骨力遒劲而气概凛然，犹如盛唐丰满的女子。而晚唐的大书法家柳公权的正楷却以骨感奇秀著称，反映了当时社会审美取向的变化。五代十国的家具虽然没有形成成熟的时代风格，但显著地表现出家具形态的秀丽以及装饰的简化，为以后宋式家具简练、质朴风格的形成做好了铺垫。

佛教文化与汉文化融合下的新家具

从佛国传入中原的四足方凳，在唐朝有了飞跃性的发展，不仅摆脱了直腿无撑的原始状态，而且显示出非凡的创造力，变化无穷，竭尽美化，创造出众多形式的方凳、长凳、月牙凳。尤其是月牙凳（又称腰凳），其造型的变幻，装饰的华美，雕花与穗饰的运用等，可以说是大唐富丽华贵国风的代表。在初唐时期的敦煌壁画中的方凳，座面虽然保持了北魏的形态，但可以清楚地看到四条凳腿的优美变化。两腿之间采用了传统的壶门形式，一条曲线流畅而下，然后向内收为拐角，自然美观而且使凳更加稳定，优美而实用。这

法门寺地宫供奉佛指舍利的七重宝函

种样式对以后凳的影响极大。

中唐时期的方凳又有进一步的改进，周昉《听琴图》中的方凳，座面的四周采用曲线，形成方中有圆的效果，两腿之间依然采用壶门形式，但是顺着曲线优雅而下之后，顺势收成如意形的勾脚，像书法中颜体的笔锋收势，显得典雅清秀。月牙凳是唐代家具师的伟大创造，它既来源于佛国坐具又脱离了佛国坐具，其座面不方不圆呈月牙形，三足或四足，足部向外鼓，座面下边缘与腿足雕有精美纹饰，有的甚至包金贴银，富丽华贵。

我们从中可以看到月牙凳造型的新巧别致，在两腿之间，坠以彩穗装饰，令人赏心悦目。在优美的弧线凳腿上，雕刻着细致花纹，表面运用彩绘进行装饰，配以编织的坐垫等，美观舒适，与体态丰腴的贵族妇女形象成为一体。可以说，体态端庄浑厚，造型别致，装饰华丽精美的月牙凳是最具大唐风采的家具。

佛国的坐具——墩，在唐代同样进入世俗家庭。西安出土的女俑，就坐在腰鼓形的圆墩上，这个墩的造型与莲花座竟然极其相似。佛座与莲花座种类丰富而精美，莲花、忍冬装饰形式恰恰放大了大唐富丽的风格。

五接雕花圈椅

唐代椅子的变化也很有特色。椅子自汉代从西域传入，初称“绳床”，座面和靠背上有绳子编织的垫子，四脚很低。演化到唐代，取消了绳垫，四脚变高，成了常用坐具，它使人们生活习惯由过去的席地而坐改为垂足而坐。盛唐高元珪墓的壁画中，可见高元珪端坐在一把扶手椅上。这把椅子有弓形搭脑扶手，椅腿上细下粗，有厚重感。

唐画《挥扇仕女图》中，描绘了一个贵族的妇人手拿团扇，坐在一把雕饰华美的圈椅上，圈椅两腿之间也饰以彩穗，搭脑演变成圈式。搭脑到扶手是一条流畅的曲线，浑然一体，端庄华美但不失清雅。这是我们见到的第一把圈椅，也

是唐代的新型家具。

唐阎立本《萧翼赚兰亭图》中有一把禅椅。画中的故事是萧翼奉唐太宗之命，拜访辨才和尚，用哄骗的手段得到了王羲之的书法。图中的禅椅用树根制成。草编的圆形靠背和质朴的树根，显示出佛门的淡泊。

《李世民像》中的圈椅，扶手末端雕饰着龙头，腿四方直立，没有过多的雕饰，庄重而威严，加之华美的丝织背垫，既实用又美观。

为数不多的留传至今的唐代家具——参佛用的香案，出土于法门寺地宫，通体为纯银制造，可见唐代对佛事的重视。这个香案造型简洁，大气，曲线的丰满、动感、明快，没有过多的繁杂装饰。设计者具有深厚的功力，深深地懂得家具材料、造型和结构的关系，把有力而不冗阘的造型和珍贵而不俗艳的材料有机结合在一起，表达了佛的高贵和神圣。

知识链接

家具的用材断代

不同时期的家具用材都有着鲜明的时代特点，因此，辨别木材是鉴定家具年代首先要注意的问题。在传世的明清家具中，有不少是用紫檀、黄花梨、铁力木等制作，这些木材在清代中期以后日见匮乏，成为罕见材质。所以，凡是用这四种硬木制成而又看不出改制痕迹的家具，大都是传世明代或清前期制作的家具原件。虽说此类名贵家具近代仿制的也有，终究因材料难得及价格昂贵，为数极少。在现存的传世硬木家具中，也有不少是使用红木、新花梨制作的，由于这几种硬木是在紫檀、黄花梨等名贵木材日益难觅的情况下作为补充材料被大量使用，所以用这些木材仿制的明式家具，多为清代中期以后直至晚清、民国时期的产品。如有用红木、新花梨做的明式家具，就可以因为材料的年代与形式的年代不相吻合，而断言为仿品。值得注意的是，有大量传世的榉木家具，不能以材质来判断年代，因为它在明清两代均被广泛用于制作家具，并在形式上也较多地保持了一致性。许多清代中期乃至更晚的榉木制品，依然沿袭着明代的手法。所以，对于榉木家具的断代，应更多地依靠其他方面的鉴定。

榉木酒桌

高低型几案同时并存

置物家具中传统的几案类家具较前代有所变化，汉代以来的较多栅形曲足几案为栅形直足所替代，不过仍有部分栅形曲足。这时期两端起翘卷沿几案明显增多。随着高形家具不断发展，一部分低型几案逐渐演变为桌子和大型条案，另一部分几案仍保留过去低矮型样式，高低型家具同时并存成为这个时期家具的特点。

这时几的高度明显增高，面都翘头，有栅足也有板式足。有木质和陶质，并出现了金银器几，如西安法门寺地宫所藏素面银香几，几面翘头，香几主要是为了烧香祈祷所用。几的高度比以前有所增高，但仍属于低矮型家具。

翘头案也在增多，有栅形曲足也有栅形直足，有高型也有低型，在唐代绘画和墓葬中均有发现。如湖南省长沙地区唐墓中出土的明器案，案足为栅

形足，两端卷沿翘头，虽为明器，但从其比例来看仍较低矮。湖南长沙牛角塘唐墓出土的翘头陶案，案面呈长条形，两端翘头。1958年在长沙赤岗冲出土了两座唐墓，3号初唐墓中出土了一件青瓷案，高3.3厘米、长8.5厘米、宽4.5厘米，4号墓也出土了青瓷案。1956年在长沙烈士公园4号唐墓出土的青瓷案，高5厘米、长12.7厘米、宽7.7厘米。

翘头案

这个时期高型家具一个特点就是桌子逐渐增多，并广泛运用于生活的各个方面。桌子有方形和长条形，有的在腿之间加横枨。如敦煌85窟的唐代壁画中庖厨图，房中共有两张方桌，面板为方形，桌面较厚，均为四足方形柱腿，腿间无枨。一个屠夫在方形桌上切肉，从屠师与桌的比例看，其高度与现代桌相同。如唐画《六尊者像》上有一方形桌，四足之间有横枨，为方形有横枨桌。长条形桌在敦煌唐代壁画中随处可见，一般桌面呈长条形。如唐473窟《宴饮图》，有长条形桌子，多人围坐。再如盛唐时期的第33窟、第445窟、中唐时期的360窟都有长桌的画面。

华贵富丽的储藏家具

唐代华贵富丽的储藏家具，要数盝顶银箱，它是唐代常用的储藏类家具。这种箱质地一般为银质或金质，本身就华丽无比、气质高贵，加之豪华的装饰，更能体现唐代华丽润妍的艺术风格。如陕西省西安市南郊何家村唐代窖藏出土的孔雀纹盝顶银箱。高10厘米、长12厘米、宽12厘米。盝顶，盖与器做子母扣合。正面有锁钮，背面以两格杏叶形的钩环使盖与器相连。锤击成平，平錾花纹。正面为一对振翅扬尾的孔雀，立于莲座上，衬以花鸟、流云。盖顶中心为忍冬花纹，衬以流云、飞鸟。箱侧面和背面都刻有童子戏犬、鸳鸯、折枝莲蓬等。整个纹饰丰富多彩，洋溢着大唐华贵富丽的风采。

盛放衣物用的柜，唐代仍沿袭汉代的格式，但比汉代略见加高，柜身的饰件也更加华丽。质地有木制、陶质、金银质等。河南峡县东汉墓里曾出土一件绿釉陶柜，方形柜身，四个矮足，顶上有盖可开合。唐代这种四足矮方柜仍很流行。如西安王家坟村 90 号唐墓出土的三彩平顶陶柜，与汉代陶柜相似。该柜柜顶四周有三形柱子，顶部靠一边有柜盖，并装有暗锁。柜身四周有粗状的立柱四足，使柜身变高。柜周身饰乳钉纹及兽面纹。该柜与河南灵宝张湾汉墓出土的陶柜相比，形制有些相同，但又有所发展。另外在日本正仓院里则收藏有不少唐代木柜的实物，均是四足方柜，只是在高矮大小上有所区别，门都在前面，这样开合方便，更加实用。

丰富多彩的屏风

屏风是室内的主要家具，常放在明显的位置上，挡风和遮障是屏风的主要功能。唐代的屏风制作极为精巧，装饰极为精美，是唐代室内装饰的一个重要组成部分。我们可从唐代诗句中了解当时贵族家庭中屏风装饰的华丽状况。如白居易在《素屏谣》中以自家木骨纸面素屏置于草堂也相称，以此抨击王室屏风“织成步障银屏风，缀珠嵌钿贴云母，五金七宝相玲珑”的奢侈豪华。此外还有李贺诗：“金鹅屏风蜀山梦”等。另外，唐代石窟、墓室壁画中也有大量屏风画，从一个侧面清楚地反映了当时屏风的特征。

唐代屏风种类较之前有很大发展，除承汉代直立板屏以外，曲屏有更大的发展。

直立板屏是固定陈列在房间里的，承汉制变化不大，但这时的直立板座屏不论屏板还是屏座比以前更加精致和华美。如敦煌石窟 217 窟唐代壁画《得医图》中的屏风。这种屏风是从汉代屏板发展而来的。由底座和屏板两部分组成。屏板为独扇，上绘山水花草。底座两面镂雕花纹，上端挖出凹槽，屏板正好插入凹槽里。这种屏风多设在室内当中处，既起遮蔽作用，又使人一进门便赏心悦目。

曲屏

曲屏则是多扇形，有六曲、八曲不等，均可折叠。如新疆维吾尔自治区吐鲁番阿斯塔那230号张礼臣墓出土的绢画。画中有六舞伎曲屏图，每扇画一人，共计画两舞会、四乐会，左右相向而立。如新疆维吾尔自治区吐鲁番阿斯塔那188号墓有《牧马八曲屏图》，反映了边塞的牧马风情。如西安长安南里王村唐墓壁画中绘有人物风景六曲屏。屏面绘有树下坐或立仕女、男仆。

唐代屏风装饰手法多种多样，既有传统的装饰方法，也有新的装饰手段，装饰手法丰富多彩。如日本正仓院藏有中国唐代或仿唐的屏风多种，屏面有的是由织物制成，有的用夹缬，有的用蜡染，即图案用“夹缬”或“蜡缬”法印染；有的用羽毛贴花作为装饰，其中最精美的要算高1.36米的“鸟毛立女屏风”，该屏风上用美丽的鸟毛贴饰，非常精美。这种装饰手法来源于汉代漆器装饰，并配有绘制丰满的盛装仕女和山石树木。

唐代屏风装饰题材多采用精变故事画、精品故事连续画，以及唐代流行

的树木花鸟、山水、动物、仕女等，并形成了一定的屏面构图布局风格。如日本正仓院保存的唐代屏风中装饰题材有“鹿草木夹缬屏风”“鸟木石夹缬屏风”“橡地象羊木蜡缬屏风”等，其色彩非常鲜明，题材别有一番情趣。唐代的书法非常有名，所以往往也用来作为屏风的装饰题材，甚至将屏风作为箴言牌，作为座右铭。如《唐书》中记载唐宪宗曾将“前代君臣事迹写于六屏”“宣宗书贞观政要于屏风，每正色拱手而读之”。

趋于成熟的五代家具

椅子的使用在五代时期更加普遍起来，而且品种也在不断增多。有靠背椅、扶手靠背椅、圈椅等。如《韩熙载夜宴图》中韩熙载所独坐的脚踏靠背椅，椅面为方形，其上罩有织物，有靠背，弓形搭脑，搭脑两端出头并向上翘，像两只牛角形。四足两侧带枨。该椅形体较大，人可盘腿坐于其上，且带脚踏。也有一般的独坐椅。这种椅在《韩熙载夜宴图》中多次出现。如王齐翰《勘书图》上的扶手靠背椅，为木制。而周文矩的《琉璃堂人物图》，一和尚坐的扶手靠背椅为树藤制作而成。这时期圈椅有明显的搭脑（家具部件的名称。椅子、衣架等位于家具最上的横梁叫“搭脑”）。足的变化较多，有的足无饰，也有的四足雕成如意云纹。周文矩《宫中图》中就有这种圈椅。

琴桌最早见于宋代

五代时期的凳、墩除保留着唐代方凳、月牙凳等品种外，还出现了两头小，腹部大的鼓式墩，而在鼓墩上铺垫绣织物称为绣墩。其他样式不断增多。这时的方凳，面为方形，直足被雕刻成向内弧的如意云纹等。如卫贤《高士图》中的方凳，足为直足，两侧有枨，采用建筑抬梁木结构方式。雕刻成如意云纹足，如江苏邗江蔡庄

五代墓出土了方凳，两侧足有横枨。圆形凳，有四足，为两朵如意云装饰。足上端有曲线牙板装饰。周文矩的《宫中图》多处也出现这种圆凳。鼓墩，腹部大，上下小，其造型尤似古代的鼓，故名“鼓墩”。一般是用藤、竹等材料做成。有时常在鼓墩上铺锦披绣，亦称“绣墩”。顾闳中的《韩熙载夜宴图》中也多处出现了这种绣墩。

五代时期的桌案可以列为高足家具行列，只是与宋代以后高型家具相比，有一定差距。一般与膝盖平齐或低于膝盖，说明低型家具向高型家具过渡时期的时代特点。

五代时期的桌有长方形，或长条形，有时将三个方桌拼合在一起使用。这时期桌的结构向科学化发展，其结构完全采用中国建筑结构的抬梁木构架结构方式，且与现代家具结构接近。有夹头榫的牙板或牙条，腿也添加了横枨。有桌面为方形的方桌，其桌面与四腿交角处，有牙头装饰。有的四足之间都有枨，有的两端为双枨，前后为单枨。如《韩熙载夜宴图》和《勘书图》上都有这样的长条形桌。如1994年河北曲阳五代墓出土了《汉白玉浮雕彩绘散乐图》，该图第1行箜篌、筝和后排的答腊鼓都是置于一方形桌上。该墓东耳室北壁侍女童子图，有一方形桌四边为双枨，足和双枨连接处等为云头纹装饰。东壁下部绘一长案，上置帽架、方盒、木箱等日常生活用品。《韩熙载夜宴图》中还出现了长条桌，桌面有45°格角榫的构造做法，桌面与腿子上端有替木牙子装饰，下有四条简洁的四方足，两侧腿之间有双枨，桌上置碟碗食物。

这时期的案比前代增大、增高、增厚，案面为长条形，攒边方法做成方框，中间镶板。四足或饰如意云纹或素面方足。其上有时铺织物，置砚盒、书册、画卷、琴囊、箱子等物，极易与榻相混。如《勘书图》和《重屏会棋图》上均有如意云纹足条案，四腿以如意云纹头为主的多变曲线组成特殊轮廓，腿上端两侧有花形牙板。

知识链接

五代的千年古榻

五代时期的床、榻是从汉代的床、榻发展而来，较唐代更加宽大，可以坐卧。且多带围屏，这是汉代带屏床榻的发展。有箱形结构窄榻，如周文矩绘的《重屏会棋图》中的窄榻。榻为平台箱形结构，有壶门装饰。比唐箱形壶门榻更加窄长。四足平榻也在增多，最有名的是蔡庄五代墓出土的4张千年古榻。

在江苏邗江蔡庄出土了五代时吴太祖杨行密的女儿寻阳公主的墓，寻阳公主死于吴顺义七年（927年），葬于乾贞三年（929年），距今已有1000多年。使人惊奇的是该墓出土了4张四足平榻，其中一件高57厘米、长188厘米、宽94厘米的榻保存完整，让人们领略了千年古榻的风采。

该榻的榻面为平台式，由两根长边即“大边”、两根短边即“抹头”仿45°格角榫做法组成边框，说明五代时期家具制作上广泛采用45°格角榫的构造做法。该墓出土的方桌桌面也是采用45°格角榫的构造做法。榻面中间设托撑7根，上面用铁钉钉上木条9根。该榻采用多根有间隙排列的木条做法，通风通气有一定弹性，与楚墓出土的床有异曲同工之处，具有南方的地区特点。

此榻的榻腿上端两边裁口，形成榫肩，中间出单榫与榻面“大边”做透榫交接。前后腿之间有一根侧撑。牙板与腿连接处做成类似插肩榫（家具腿的上端开口，并将外皮做成斜肩，与牙板用插榫相接，这种构造称为“插肩榫”）的样子，但实际上牙板与榻腿没有任何榫卯关系，只是用钉子钉在“大边”上。榻面下牙板和四足为如意云头纹装饰。其造型与同时代的绘画中床榻一样，如五代王齐翰《勘书图》和周文矩《重屏会棋图》所描绘榻的榻腿和花形牙板都用如意云头纹。如意云头装饰是当时流行的式样，具有明显的时代特征。

第四章

独具特色的宋元家具

两宋(辽金)时期家具的总体特点是高型家具成熟普及以及垂足坐的生活方式代替了传统的席地而坐的起居方式,宋代的高型家具普及民间。当时家具种类更加繁多,家具在造型和结构方面受建筑影响,主要是梁柱式的框架结构。家具中出现了一种纯仿建筑木构架的式样和做法,使家具造型以梁柱式的框架结构代替了以前的箱形壶门结构,并成为家具结构的主体。此外,还大量应用装饰性的线脚,丰富家具的造型。桌面下出现束腰,足面与柱腿连接处出现牙条、罗锅枨、霜王枨、矮老、托泥下加龟脚等,桌椅四足的断面除了有方形和圆形外,还出现了马蹄形足面。总之,家具进入了繁荣昌盛时期,为明清家具的进一步发展打下了基础。

第一节 宋辽金时期的家具

两宋时期的家具发展

两宋时期，家具的种类又有所增加。有床、榻、桌、案、椅、凳、绣墩、箱子、柜子、衣架、巾架、曲足盆架、屏风和镜台等，南北朝时盛行的三足凭几和腋下几在这时也仍在使用。宋代还出现了专用家具，如弹琴用的琴桌，对弈用的棋桌，筵享用的宴桌以及专为摆设花卉盆景用的高花几等。家具的形式也多种多样，仅桌子一项就有正方形、长方形、长条形、圆形、半圆形等，此外还有炕桌、炕几等，凳类有方凳、圆凳、月牙凳、长条凳以及花鼓墩、藤墩等，椅类有靠背椅、扶手椅、圈椅、交椅、太师椅等。

宋代发明了“燕几”，并曾轰动一时，当时各仕宦大家贵族为装点园林，竞相仿造，有人还写出介绍燕几的专书《燕几图》。这是中国现存较早的一部家具专书，它详细介绍了燕几的特点、制作方法和各种组合形式。燕几，即宴几。由七件长短不同的长条桌组成，有特定的比例和规格。它的突出特点是可以随意组合，根据实际需要，可多可少，可大可小，可长可方，随心所欲，运用自如。

宋代家具在制作手法上也有了不少的变化，各种装饰手法开始使用，如束腰做法。束腰也做缩腰，早在唐代初期即有使用，但不普遍。进入宋代，这种做法才得到普遍应用。其他如马蹄足、云头足、蚂蚱腿、莲花托等线脚

装饰，还有牙板、罗锅枨、矮佬、霸王枨、托泥、茶盅脚等各式结构部件以及侧脚、收分等造型特点都得到了广泛应用。如山西明应王殿壁画《卖鱼图》中的方桌，不但有桌牙，而且用了双罗锅枨和茶盅脚，四腿呈葫芦形，这种形式现代只有用车床才能加工出来。这说明中国在宋元时期已开始使用机械来加工家具部件。宋代李公麟《高会学琴国》中的琴桌，既做出内翻马蹄，又有托泥。宋徽宗《听琴图》中的琴桌，还做出音箱，弹琴时琴音与音箱中引起共鸣，以提高琴声的音色效果，琴桌四面的镶板还描绘着精美的花纹。宋人《梧阴清暇图》《十八学士图》中的家具以及河北钜鹿出土的宋代长方桌、靠背椅等，都有明显的侧脚和收分。郑州南关外北宋墓室砖雕家具衣架上出现了矮柱（即矮佬）。辽宁朝阳金代墓室壁画中的方桌，横枨与桌牙之间用了两组双矮佬，桌腿下端两侧饰两层云纹抱腿牙。《梧阴清暇图》中的长方桌足下有蹼。这些都是家具趋向美观化、科学化的重要标志。随着经验的丰富和工艺水平的提高，家具在造型、结构方面开始向成熟方向发展，有些不合理的和不适用的家具在人们日常生活中逐渐被淘汰，如缩面桌（一种桌面小于四面桌牙的家具）、凭几等。总之，宋代是家具艺术的繁荣时期，家具趋向多样化，虽然和明代完美的家具相比它还不算完全成熟，但却为后来明式家具的发展奠定了基础。

两宋时期的家具风格，大体还保留着唐五代的遗风。表现最明显的是床榻，这时的床榻，大多无围子，俗称四面床。如南宋《白描罗汉册》中第一幅罗汉所坐的禅床；李公麟《高会学琴图》中弹琴人所坐炕榻；《维摩像》《梧阴清暇国》《槐阴消夏图》《宫沼纳凉图》《白描大士图》中的坐榻，均都没有围子，在使用这些床榻时，仍需辅以凭几和隐囊。其他种类的家具如《高会学琴国》《会昌九老图》中的椅子，《梧阴清暇图》中的长方桌等，式样都较新颖。有的家具形式，我们还很难为其确定一个合适的名称，如《十八学士国》中的椅子，即是一例。宋代时，砖室墓墙壁多浮雕和彩绘各种家具形象，出土的家具模型也较多，但因砖雕受各种条件限制，雕刻比较简单，模型专为陪葬，制作也较为粗糙。从众多的资料看，宋代家具品种齐全，应用空前普及，家具在人们生活中已占有重要的地位。宋代画家张择端所绘的

《清明上河图》，应是当时人们生活的真实描绘。当时市肆小店内摆放的家具，以长方桌、长条桌、长条凳为主，而仕宦大臣或有名望的人家中多置交椅。在《清明上河图》末端赵太丞家就摆放着交椅。这种交椅，在当时是家具中的高档产品，一般平民百姓是无资格使用的。在宫廷里，统治阶级还不惜工本，制作了一批高档家具，如宋代帝后像中的椅子，从其外形看，用料粗壮，尽管装饰华丽，仍不能算是完美的家具。宋代家具中也有较为完善的和艺术性较高的家具，如河北钜鹿出土的宋代家具、《会昌九老图》中的圈椅，就是较为完美的代表，可以体现宋代家具艺术的水平。可以说，没有宋代家具事业的繁荣和发展，就不能出现完美精湛的明式家具。明代家具正是在宋代家具发展的基础上，扬长避短，去粗取精，逐步趋于科学实用，以独特的民族风格，成为亚洲家具艺术中一颗璀璨的明珠。

辽金时期的家具

与宋朝同时并存的辽、金两朝在家具的形制上要比中原地区发展得早。从出土实物和墓葬壁画看，这一区域家具虽制作不精，但品种齐全。如解放营子乡辽代木床，山西襄汾南董金墓和山西大同金代阎德源墓出土的木床、供桌、屏风、影屏、巾架、盆架、茶几、各式桌子、椅子、凭几等。这些家具，因是作为明器陪葬入墓的，多属模型，所以制作较粗糙。但值得注意的是，床榻上都装配着围栏。从历史上看，汉代胡床为北方民族（胡族）传入，欹床为三国时曹操所制，栏杆床又多在北方辽、金使用，由此看出，有些家具是由北方向南方传播的，并在中原广大地区得到艺术上的提高和使用上的普及。

辽金时期的供桌

有特色的栏杆式围子床

两宋时期的箱形结构床榻、四足平板榻、带屏床榻基本上保留了汉唐时期的遗风，只是足有所增高，特别是箱形结构床榻变化不大。但与宋对峙的辽、金家具却有很大的发展，从许多出土的实物和壁画看，栏杆式围子床最有特色。

带栏杆式围子床是辽、金床榻类家具中有特点的家具。此床周围有间柱，即嵌有栏杆也有围板，床体有箱形壶门结构和四足形结构。如内蒙古翁牛特旗解放营子出土的辽代木床，为箱形结构栏杆式围子床。此床通高 72 厘米、宽 112 厘米、长 237 厘米，床足为箱形壶门结构。床为长方形底座，上铺木板。左、右两面角柱之间有两根方形间柱，后面有四根方形间柱，左、右、后三面间柱分上下两部分，上部是栏杆式，下部为围板形，镶嵌着围板。方形角柱用卯榫固定在床板上，栏柱有雕饰。正面床沿镶有 8 个桃形图案，内涂朱红色。底座与床面不用卯榫固定，可以挪动。山西大同金代阎德源墓出土的金代木床为四足形栏杆式围子床。杏木质，长 40. 4 厘米、宽 25. 5 厘米、高 20 厘米。由足、围板、间柱、床板四部分组成，形制基本上同上，只是床腿为四足，足雕成长条形花纹，两侧有枨，造型美观，结构精致。

以官阶命名的“太师椅”

出现在宋朝的太师椅是一种具有折叠结构的交椅。“太师椅”是中国古代家具以官阶命名为数不多的特例，它的命名与当时的奸相秦桧有联系。那么太师椅的具体形状是什么样呢？怎么又与秦桧联系在一起呢？对此日本人诸桥辙次著的《大汉和辞典》中对“太师椅”条做了这样的解释：“宋朝太师秦桧坐过的椅子。背高呈圆形，现称大圈椅为太师椅。”不过宋人张端义在《贵耳集》中介绍这种椅子是从胡床发展而来的，并与宋代太师秦桧有联系，故也称太师椅。那么让我们来看看宋人张端义在《贵耳集》中对太师椅的解

释吧："今之校椅，古之胡床也，自来只有栲栳样，宰执侍从皆用之。因秦师垣在国忌所，偃仰片时坠巾。京尹吴渊奉承时相，出意撰制荷叶托首四十柄，载赴国忌所，遗匠者顷刻添上，凡宰执侍从皆有之，遂号太师样。今诸郡守卒必坐银校椅，此藩镇所用之物，今改为太师椅，非古制也。""校椅"即交椅，交椅，顾名思义，两足相交的一种椅子，是从胡床发展演变而来的，为宋代的一种新型家具。"秦师垣"就是历史罪人秦桧。"奉承时相"而改进"太师样"座椅，是一种所谓"栲栳样"的交椅，《集韵》曰："屈竹为器呼为考老或栲栳……"屈曲竹木为圈形，栲栳即屈木为器，"栲栳样"的交椅就是一种圆形椅圈的交椅。并且加有荷叶托首，"非古制也"，是刚刚创制出来的新型交椅。由此可以说明太师椅不但是扶手为圆形且可以开合折叠的交椅，而且在靠背上还插有一木质荷叶形托首长柄，可供仰首寝息，这都是宋代太师椅的特征。

太师椅

知识链接

有趣的灯挂椅

从出土文物、壁画、宋代绘画看，宋代椅子的使用非常普及，且品种很多，特别是宋代椅子的实物资料很多。其中有一种靠背椅非常有趣，这

种靠背椅的最上端横柱即搭脑两端向外挑出，有的形成优美而又富有情趣的弓形，这种式样酷似江南农村竹制油盏灯的提梁，所以人们又称其为“灯挂椅”。灯挂椅为宋代常见的椅子形式之一。在考古发掘中，有关灯挂椅的资料很多。

如解放前河北省钜鹿县北宋遗址出土的北宋木椅。此木椅沉睡于深泥沙之下达800年之久，虽已散架，但构件保存完整，后经修复，现藏于南京博物院。该椅通高115.8厘米、座高60厘米、座前宽59厘米、座后宽57厘米、座深53厘米。搭脑水平，两端向外挑出，为灯挂椅式造型。靠背为打槽装板做法，座面为攒边做法，中嵌实木板为芯板，椅面抹头和后大边的与后腿直接相接，而抹头与前大边已用45°夹角榫做法。说明中国家具攒边做法在北宋初期尚处初步形成阶段。前腿下端有双枨，枨间有拦板，枨下有牙板。坐垫下面前、左、右三面皆有带牙头的牙板。椅腿间都有一根枨子。通体髹桐油。此椅制作时间为北宋崇宁三年（1104年）。因该椅座下面有明确的题款纪年，曾墨书道：“崇宁叁年叁月贰拾肆日造壹样椅子肆只。”另一处墨书：“徐宅落”三字。说明当初制造同样的椅子共4件，并为徐宅所使用的。此件北宋实用木椅的出土，一方面使我们一睹宋代实用家具的风貌，另一方面又为研究中国宋代家具提供了实物。

第二节 两宋时期的家具形态

精美异常的床与榻

从大量的绘画作品及出土的实物中发现，两宋时期的床榻主要有箱形结构床榻、四足平板榻及带屏床榻。在造型上基本保留了汉唐时期的遗风，但在足的样式上、高度上有所变化，除了方形、圆形外，还出现了马蹄形，且在整体上趋于增高。元代床塌则基本上承袭了宋朝的样式。

然而，与宋朝相对峙的辽、金两国的床榻却有了很大发展，多为栏杆式床榻，即床的两侧和背后常设有床栏和屏壁，床上饰有床帐，在整体上形成了一个封闭式的专用空间。

宋榻仍具有着坐卧的双重功能，在当时多为贵族阶级和文人雅士之用。榻上常放有凭几、靠背和棋枰。按照榻的座部区别可分为榻下施足和榻下施方座两种。前者是由传统的矮式坐榻发展而来的，造型简洁明快，但是在高度上与晚唐以前的矮榻已发生了明显的变化。如《梧荫清霞图》《薇亭小憩图》及贵州遵义

《倪瓒像》中的壶门托泥式榻

《消夏图》（局部）

皇坟嘴宋墓中均有其典型的形象。皇坟嘴宋墓中的石雕坐榻，把榻与靠背椅的做法有机地结合了起来，在继承传统的基础上开创了明式罗汉榻的新品种。该石雕坐榻的背板高于扶手，榻面窄且短，面下为高束腰衬面心形式，并施以罗汉腿。而榻下施方座在宋元两朝时期更是常见，而且在数量上也比较多，主要见于佛教绘画和文人雅士的起居场所。造型上带有明显的佛教色彩，形体上敦厚、华贵，榻下方座多以须弥、壶门托泥式为主，高度上进一步增加。在宋中的床榻《维摩诘》绘画中，又可见另外两种坐榻的形式。一种是维摩所坐的大型长榻，另一种是文殊所坐之方榻。除此之外，在《白莲社图卷》《女孝经图》《宫沼纳凉图》《槐荫消夏图》《听琴图》等宋朝绘画及《倪瓒像》等元朝绘画中也可见到壶门托泥式榻的精美形象。

简洁稳重的凳与墩

凳，自唐五代以来又有了很大的发展和变化。在两宋时期，其结构更加合理，造型也更加优美，并以简洁稳重著称于世。在样式上除了承袭以前的方圆凳外，还出现了带托泥的凳子及四周开光的大圆墩，大体上可分为长方凳、方凳和圆凳几种，如王居中的《纺车图》、《小庭婴戏图》及苏汉臣的

《秋庭戏婴图》等宋代绘画中分别绘有长方凳、方凳及圆凳的典型形象。

《纺车图》中的长方凳

坐墩是圆凳的一种，有带托泥和不带托泥之分，亦有开光与不开光之别。其中带托泥的称之为圆墩，因其形状似鼓，又称之为鼓墩，如《会昌九老图》中的圆开光如意须弥墩及刘松年《罗汉图》中的藤墩。伴随着纺织业、制陶业及其制作技术的不断发展，坐墩的种类也越来越丰富，而且出现了鼓钉的做法。有的是以先进的纺织技术为依托，发展成为包装精美的绣墩，又名花鼓墩，如宋《孝女图》的绣墩；有的则是以精湛的编织和制陶工艺为技术基础，发展成为以竹藤和陶瓷为原料的方墩和藤墩及僧侣所用的“蒲团”。

流行一时的桌子

由于垂足而坐的起居方式盛行，以桌子为中心的生活方式便构成了中国古典家具组合的新格局。尤其到了北宋中期桌椅的应用更加广泛，有了一桌一椅，一桌二椅，一桌三椅甚至一桌多椅等多种组合方式。元代的桌椅除了继承前代的样式外又有了进一步发展，并创造出了一些新的造型，如《夏墅棋声》和《冬室画禅》中桌子的桌面四角缩入腿内，且不出挑，这是以前所未见到过的。

桌子在北宋时期是非常流行的家具，在人们的生活中扮演着不可或缺的角色。其制作手法非常丰富，常运用多种装饰和结构，如马蹄足、云头足、螺钿装饰、束腰、牙角、横枨及各类线角，使桌子看上去美感十足。桌子的种类也十分多样，大致说来有日常生活中的方桌、长方桌、交足式的折叠桌、

祭祀用的供桌和香桌及用来放置乐器的琴桌等。

方桌在桌子的形象中最为常见，基本形式有两种：一种是高脚方桌，一种是矮方桌。

高脚方桌的桌面一般为正方形，桌腿略高且呈圆形，四周边为单枨或双枨，有的还在横枨之间加以竖向的矮枨，也有的仅在桌面相对两边施用横枨或在桌腿上部采用封闭的板形桌面。桌腿与面板通常以透榫或半透榫的结构形式结合。此外，还有一少部分精品高脚方桌采用雕花和嵌牙板工艺，使桌子更加精美华丽。

矮方桌相对于高脚方桌而言，数量上要少一些。最典型的矮方桌则要数金代阎德源墓出土的杏木质矮方桌和内蒙古解放营子辽墓出土的木矮桌。前者的桌面两侧做成便于依靠的浑圆面，前后切出棱角，桌腿与四面横枨均为圆形，横枨之间又加以矮老，整体造型稳重而大方，在宋代的炕桌中极具代表性；后者的形制和制作与近代的北方小炕桌十分相似，四足做云纹装饰。

长方桌（条桌）在两宋时期也非常流行，桌面为长方形，桌腿为圆柱形，前后为单枨或无枨，两侧为一层或两层横枨，桌面与腿之间有牙子装饰，造型优美俊秀，是宋代家具风格的典型代表。长方桌的种类大体上有三种类型：即双枨式高型桌（《妇人饮茶听曲图》）、单枨式高型桌（《女孝经图》）及矮老高型桌（河北宣化辽韩师训墓室壁画）。值得一提的是河北钜鹿出土的双枨式高型桌，桌长880毫米，宽665毫米，高850毫米，前后为单枨，两侧为双枨，而且桌子的边抹与角牙都起有凹线，充分说明了线脚的运用已成为当时木工造型的艺术意匠。

《十八学士图》中的桌椅

折叠桌是宋代出现的一种新的家

具形式。其结构的特点类似胡床的做法。由于折叠桌的面板是硬木板，决定了桌子要采用搭扣的连接方式（即先将桌面板以铰链的方式固定于一侧，交足顶住枨上，另一侧则运用活动的搭接方法，使用时可以随时打开，不用时可以随时折叠收藏）。此外，有的折叠桌还采用了交足支鼓架的连接方式。与搭扣的连接方式所不同的是其面板与交足是完全分离的，使用上更加方便。

供桌和香桌都是主要用于宗教礼仪或祭祀场合。它们的典型形象分别见于宁夏贺兰县拜寺口西塔和江苏江阴孙四娘子墓。前者香桌的桌面为长方形，髹红漆，边部绘有金色花卉图案。桌腿之间和两侧还设有牙子和镂空雕花档板，并以红、黄、绿三色彩绘装饰，形体上小巧精美，色彩浓重华丽。后者供桌则为高方桌的样式，桌面衬面心板，前后加衬档，两侧施横枨，最引人注意的是桌子四腿内侧各装饰以浮雕小人，造型奇特，做工精美，显然是专门为墓主人而做的。

琴桌是弹琴时专用的承具。其形体不大，仅能容下一人，桌四面饰有围板，下底是由两层木板组成，其中留出透气孔，以使桌子形成共鸣箱，大大增强了弹琴的声色效果。宋徽宗赵佶《听琴图》中的琴桌可以称之为这一时期的代表作。琴桌的出现充分证实了垂足而坐已成为了当时社会主要的生活习惯。

抽屉桌是元代的一种新型的家具，桌腿为三弯腿，带有托泥，且牙花装饰，桌面下装有两个抽屉，抽屉与桌面平齐，正面有花纹装饰，并设有金属拉环，整体形象雄浑敦厚，具有典型的蒙古族特色。

种类齐全的椅子

椅子在两宋时期的使用更加普遍。在经历了隋唐、五代的初步发展后，宋朝椅子的种类已趋于齐全，造型结构及装饰工艺也已相当成熟。除了沿用前代式样外，还创造出了一种圈背交椅。在当时，这种椅子非常流行，是达官贵族府中不可缺少的家具。它是在过去胡床的基础上发展起来的。宋朝的椅子种类大体上可分为靠背椅、带扶手的靠背椅、五足靠背、交椅、宝座、

起于宋朝的四出头官帽椅

捎舆形椅。

靠背椅的靠背为竖板，是承袭前代的一种形式。搭脑一般两头挑出，而且椅背瘦高，其又分为直搭脑靠背椅、弓形搭脑横向靠背椅、弓形搭脑竖向靠背椅。

直搭脑靠背椅的搭脑平直，多为圆木，且双出头，靠背为横向，椅面板、腿、枨和靠背之间常以穿榫形式结合，其早期形态十分粗壮厚重。到了北宋晚期，其造型趋于高大，结构也更加精密合理，坐面和腿足、横枨之间还施以衬板或牙板装饰，整体上给人一种清秀俊美的视觉感受。

弓形搭脑横向靠背椅在五代时已比较广泛，到了两宋时进一步流行。其搭脑很有特色，呈向上的弓状，而且靠背也别具一格，为横向，既适合凭靠又符合美学和力学的对称原理。

弓形搭脑竖向靠背椅的典型形象为河北钜鹿出土的北宋木椅。其搭脑呈弓形，椅面抹头和后大边与后腿直接相连，抹头与前大边已用45°夹角榫结合，椅面与腿之间有牙角装饰。这也证明了中国传统家具的攒边做法在北宋初期尚处于初步形成阶段。

交椅

带扶手的靠背椅较靠背椅相对要少一些，但在制作上却已比较精细。其又分为四出头官帽椅、圈椅和躺椅。

四出头官帽椅这一美称的由来是因为这一靠背椅的搭脑两端、左右扶手都出头，且整体形象上特别像当时朝廷大臣的官帽，如宋扶手禅椅。

圈椅与唐五代时期的样式相似，有的无搭脑，有的有搭脑。这一形象在宋《折槛图》和元《张果见明皇图》中便可见之。它的靠背与扶手为同一曲木曲线形，扶手端部有后曲造型，靠背与座面以成排的竖杖相连，座面下有如意云头状曲足，整体形制精美绝伦。

无足靠背，它的功用与三足曲身凭几有着异曲同工之妙。在明清时期也称炕椅、斜床或养和。它是一种可供躺坐的活动支交架，没有腿，有的也无座面，一般放在床榻或席上使用，后面的支架可以根据人体姿势的不同来调节高度。与凭几相比，它在结构上更为巧妙合理，应用起来也更加柔软舒适。

交椅是一种两足可以交叉并收合的椅子，可能是从胡床、凭几的样式演变发展而来的，是宋朝以后非常时髦的新型家具。大致可分为无扶手的靠背交椅和搭脑前做曲扶手的靠背交椅两种。两者均做曲搭脑，横向靠背，靠背与搭脑都向上弯曲，座面下放两对绞足，俗称“太师椅”。元代交椅较为盛行，但只有社会地位较高的乡绅、贵族家中才有。其主要陈设于厅堂内供主人和贵宾享用，一般多与椅披配合使用，有的也和毛皮搭配，甚是豪华。

宝座比扶手椅显得更为雄伟、壮观，但数量很少，主要用于宋代宫廷中。因此其形象常见于宫廷绘画及神异的传统故事中。

捎舆形椅是一种十分灵巧的旅行用具，与古代的轿非常相似，多用于宫

廷或官宦家中。事实上，它也可以看成是在扶手靠背椅的两侧各扎一长竹杠，将椅背的两侧边向上长出，且使拱形枕杆出头，再在其间施一竖向靠背板而成。其扶手为框架形，前端突出，四腿粗大，两侧设横杖，且前横杖酷似踏板。

新颖雅致的几案

两宋时期，由于生活起居方式的变化，几、案、桌的分布格局也发生了翻天覆地的变化。传统的几案样式明显减少，尤其在普通的家庭中，桌子已成为生活的中心，几案很少或没有。除了床榻用几还保留着传统的造型外，其他品种皆新颖雅致，而且形制上较前代明显增多，其作用也逐渐走向装饰化。尤其是新型的高式几案已成为了富裕家庭中厅堂陈设的重要内容。

高几是宋代新型的高型家具，形式上有托泥和无托泥之分及有束腰和无束腰之别。其尺寸高于桌子，主要用于陈设物品。宋画《听阮图》《浣月图》中都是有托泥和有束腰的高几形象，且其腰为圆形，与明代鼓腿彭牙的做法十分相似。其他的高几形象在宋绘画中也常见到，如《听琴图》和白沙宋墓

《五学士图》中的有束腰无托泥的高几

中的高几均为无托泥和无束腰的范例，而宋《五学士图》中的高几则为有束腰无托泥的典型代表。

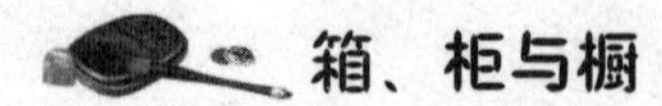

箱、柜与橱

宋代的箱的样式基本上沿用了前代的样式。但品种比以前更加丰富，已有了四方行李箱及江苏武进村出土的黑漆匣等。值得一提的是浙江瑞安出土的描金堆漆识文檀木经箱。其箱顶作盝顶，髹棕色漆，四周用堆漆手法塑造出精美的佛像、菩萨、飞鸟、花卉等形象，然后用金漆在底色上绘以飞天、花鸟图案并嵌以珍贵的珍珠，箱下有金书“大宋庆历二年”的铭文。此箱选料之华贵，图案装饰之精美，堆漆工艺之高超，描金技巧之娴熟非普通箱类的制造工艺所能比，堪称宋代漆器中的上等佳作。

黑漆梅兰竹菊提匣

江苏苏州南郊元墓中出土的银镜架

宋代的柜与箱已有明显的差别。柜的形体一般都比较高大。柜下设有足座（木工活中又称牛脚），且柜门多用锁。在《蚕织图》中便有一些典型的大型立柜形象。柜顶为梯形。柜门两面开掩门，柜下有四矮足，柜底与矮足之间有角牙装饰。

宋代橱的功能已逐渐专门化，种类多样。其形象经常见于宋代的绘画中，如《五学士图》中的书橱，《文会图》中的食橱，河南安阳心安庄宋墓中的碗具橱及河北宣化张士卿墓壁画中的多层屉橱等。尤其是后者，在当时并不多见，是一种新的形式。该橱上有五个抽屉，是我们迄今所见到的最早的橱柜抽屉形象。元代的橱柜基本上继承了宋朝的样式，但也有自己的发展和特色。如山西文水裕口古墓壁画中的抽屉桌，其容积大，体量感强。抽屉上饰以花饰，桌面下用三弯腿，桌角带有托泥，充分反映了蒙古人敦实的风貌。

衣架、镜架与灯架

衣架在当时十分流行，种类较多，有简朴型的，也有华贵型的。如河南禹县白沙宋墓壁画中有一精美雕花衣架，其两头搭脑出头上翘并雕以龙首，搭脑下两侧饰以云头形牙板，柱边足下为花边形长座。

镜架有三足和四足之分。三足镜架见于河南洛阳涧西宋墓壁画，镜架有三足，侧面两足呈曲折状，中部位置有莲花形圆盘。四足镜架则在宋《半闲秋兴图》中可见，其上端为花页及雕饰，下为方框托着镜框，底部有花瓣形小足。值得一提的还有元代江苏苏州南郊元墓中出土的银镜架，造型别致，做工精美。

灯架则更为常见，形体上较以前增高。从其形体结构来看，其座足部有方形、十字形、圆心形、圆墩形等形式。

宋元时期的屏风

宋元时期屏风的样式主要承袭了前代的样式，有直立板式、多扇曲屏等样式，但是在造型上却更为精美。

两宋时期的屏风以插屏形式最为常见，而且常在插屏足座施以“抱鼓”，抱鼓即是在座墩之上的鼓状物，通常或前后一对或四面十字形拱卫，用以加强站牙，抵夹立柱。然而在宋绘画作品《孝经图》中却发现一种直立板屏，其由几扇屏拼在一起组成一块整体直立板屏，整体造型上雄伟壮观，具有很强的视觉冲击力。

元代的屏风多为独扇式，其也有坐屏和插屏之分，以山西大同李氏崔莹墓出土的屏风和影屏最为典型。该屏风为杨木制作，由云头底座、长方大框、方格三部分组成。所谓方格即屏心，它是由14根立档和4根横档组成，在其表面上糊绫，便可以书写作画。影屏与其不同的是用大理石画屏做装饰，这也表明了人们对于屏风的审美已由绘画转向了优美的天然纹理。

第三节 元代时期的家具

风格迥异的元代家具

元朝的时间很短，所以保留下来的家具资料较少。但有关文献记载元代统治者十分重视对工匠的搜罗，元代拥有一支浩浩荡荡的工匠队伍，进而也促使家具制作业向前发展。出土资料表明，这时期家具有着与宋代家具迥异的风格。由于元朝与宋朝相比较有着不同的文化背景，所处的地理环境也不尽相同，宋代统治者崇文，元代统治尚武。这是因为元朝统治者为蒙古贵族，为了兼并领土，曾长期作战，所以习惯于游牧生活。他们勇猛善战，追求豪华享受，崇尚的是游牧文化中豪放无羁、雄壮华美的审美趣味。反映在家具制作上一改宋代家具简洁隽秀的风格，形成了元代家具造型上厚重而粗大、装饰上繁复而华美的艺术风格。

特殊的元代家具

随着元代贵族统治者日盛的奢侈风尚，一部分家具成为了奢侈享用的工艺品。像金银器家具的生产就日益精美，如江苏苏州市南郊元代墓葬出土了华丽无比的银质镜架，制作堪称精品。此外，元代家具中多用如意云等图案做装饰，开始运用罗锅枨等构件和抽屉桌这种新兴的家具。

尺寸较大的床榻

床榻，由于地域上与民族间的接近，元代床榻较多地继承了辽金家具的风格，喜用栏杆式带围板的床榻，但尺寸比以前要宽大。如元刻《事林广记》插图中栏杆带围板床，三面有围栏，后栏杆较高，并装有雕花围板，两侧栏杆较低，四周有帐，并有牙头装饰，前有踏脚。元代的栏杆式带围板的床榻要比辽金时期栏杆式带围板床榻大，硕大的床体与床体上豪放无羁、随意而坐的蒙古贵族极为吻合。元墓出土的釉里红瓷床是带围板屏风床，这种屏风床类似以前的榻屏，其胎体厚大，雕刻雄丽。元代家具包括床榻往往体形硕大，具有典型的夸张审美趣味。

马蹄足的坐具

元代桌、凳、椅包括其他家具等已经出现使用外翻的马蹄足。所谓马蹄足就是一种从腿部延伸到脚头变化微妙的线，这种造型的家具足腿自然流畅、坚强有力，具有雄健明快的走势。外翻的马蹄足往往与三弯腿连在一起，它是明式家具风格特点的典型式样。足头向外的称“外翻的马蹄足”，足头向内的称“内翻的马蹄足”。如内蒙古元宝山元墓壁画中元代的凳子使用向外翻的马蹄足。其他家具也有马蹄足，如 1976 年内蒙古昭盟赤峰三眼井元代壁画墓的《出猎图》中有一张花几很有特色，在酒馆屋旁配有的方形花几，几面较厚，左右、前后两腿间设一横枨，足为曲足马蹄形。

值得一提的坐具还有马杌。在元墓，甚至明墓中常见到扛家具的陶俑，如四川华阳县保和乡 5 号元墓等都见到这种肩杌俑出土。对此陈增弼先生进行详细的论述认为，这种扛在肩上的家具不是桌子而是“杌子”，即“下马杌”，专供上马下马踩踏用的。因为元初冠服车舆之制多沿袭金、宋，而骑马之风更为盛行，使用马杌的习惯自然承袭。《元史・礼乐志一》“进发册宝导从”的仪仗里，有“金杌左，鞭桶右，蒙鞍左，散手右”。《舆服志》对这几

件器物有解释："杌子，四脚小床，银饰之，涂以黄金。"这是一组骑马用的器物，其中的金杌就是涂有金饰的马杌。

元代其他坐具，如椅以圆形搭脑的交椅使用得最为普遍，同时还有一种类似胡床的平板交椅也被广泛使用，这就是后来常见的马闸子，也称交杌。如永乐宫元代壁画平板交椅，即交杌。

罗锅枨的桌子

元代桌子基本上沿袭两宋的形制，高型桌增多，并出现了抽屉桌。矮型炕桌的使用增多，并出现了运用罗锅枨的桌子。所谓"罗锅枨"是指中部高两头低的一种枨子。主要广泛使用于明清桌式家具之中。而罗锅枨最早在元代壁画中被发现。山西洪洞县广胜寺水神庙元壁画《渔民售鱼图》中有一长方形桌，其前枨为罗锅枨，而且可以看出当时工匠们在桌子上运用罗锅枨的娴熟程度。这是中国目前所见并且能够确定使用罗锅枨最早的记录。"改桌子的直枨为罗锅枨是元朝人对中国家具舒适性和适用性的一种创造性的贡献。"

罗锅枨方桌

元代高型桌中出现了一种长方形带屉桌。如山西文水北峪口元墓壁画，有一长方形桌子，其桌面下两个抽屉面上安有吊环，四足为马蹄形，带托泥。元代高型桌中另有一种长方形无屉桌。如甘肃漳县元代汪世显家庭墓出土的彩绘木桌。高 58 厘米、长 70. 2 厘米、宽 35. 8 厘米。两侧有枨，前后无枨。髹朱漆，面板的四足以牡丹花叶纹为地，满雕龙纹，形象生动，刀法有力。具有元代风格家具上的雕刻往往采用高浮雕纹饰，使人产生一种凸凹不平的起伏感。

元代的方形桌比宋代时期的桌子有所增高，并加矮老。如元画《消夏图》中有一张方形桌，四周各有二枨，桌面与第一枨之间有三根矮腿。《消夏图》大型床榻上放置了一张炕桌。桌面为方形，四足带托泥，有牙头装饰。古典家具专家张德祥先生认为桌腿腋下藏有的曲状结构，其形象极似明代流行的霸王枨。

第五章

典雅精美的明式家具

中国传统家具有着悠久的历史，蕴含着人类几千年的灿烂文明。从前面几章可知，它经历了原始社会的萌芽，夏商、春秋、秦汉低矮家具的发展；两晋、隋唐向高型家具的过渡；宋朝垂足而坐的家具基本定型，又经过了几百年的完善，到明代达到了历史的顶峰，创造了高超的家具制作工艺和精美绝伦的艺术造型。明代家具总体艺术特色是造型洗练，形象浑厚，做工精巧，风格典雅。对此，著名文物学家、鉴赏家王世襄先生曾对明式家具艺术风格进行了高度的概括，提出了明式家具的“十六品”，即简练、淳朴、厚拙、凝重、雄伟、浑圆、沉穆、浓华、文绮、妍秀、劲挺、柔婉、空灵、玲珑、典雅、清新，高度概括后便为“简、厚、精、雅”。

第一节 登峰造极的明式家具

古雅精丽的明式家具

明代家具艺术风格，可以用四个字来概括，即古、雅、精、丽。

古，是指明式家具崇尚先人的质朴之风，追求大自然本身的朴素无华，不加装饰，注意材料美，充分运用木材的本色和纹理不加遮饰，利用木质肌理本色特有的材料美，来显示家具木材本身的自然质朴特色。

简洁大气的明代家具

雅，是指明式家具的材料、工艺、造型、装饰所形成的总体风格具有典雅质朴、大方端庄的审美趣味，如注重家具线形变化，边框券口接触柔和适用，形成直线和曲线的对比，方和圆的对比，横与直的对比，具有很强的形式美。还如装饰寓于造型之中，精练扼要，不失朴素大方，以清秀雅致见长，以简练大方取胜。再如金属附件，实用而兼装饰，为之增辉。总之，明式家具风格典雅清新、不落俗套、耐人寻味，具有极高的艺术品位。

精，是指明式家具其做工精益求精，严

谨准确，一丝不苟。非常注意结构美，在尽可能的情况下不用钉和胶，因为不用胶可以防潮，不用钉可以防锈，主要运用卯榫结构，榫有多种，适应多方面结构，既符合功能要求和力学结构，又使之牢固，美观耐用。

丽，是指明式家具体态秀丽、造型洗练、形象淳朴、不善繁缛。特别注重意匠美，注重面的处理，比例掌握合度，线脚运用适当。并运用中国传统建筑框架结构，使家具造型方圆立脚如柱、横档枨子似梁，变化适宜，从而形成了以框架为主的、以造型美取胜的明式家具特色，使得明式家具具有造型简洁利落、淳朴劲挺、柔婉秀丽的工艺美。

古雅精丽体现了明式家具简练质朴的艺术风格，饱含了明代工匠的精湛技艺，浸润了明代文人的审美情趣。

知识链接

家具的品种断代

家具的品种种类往往与制作年代有密切的关系。有些较早出现的家具品种，常在清代后就不再流行。所以除了极少数后世有意仿制外，其制作年代不应晚于它们的流行年代。也有一些家具品种，出现的时间较晚，器物的本身，就很好地说明了它们的年代。如圆靠背交椅，入清以后已不流行，从传世品来看，多用黄花梨制作，很少有红木或新黄花梨制品，其造型和雕饰风格也较早，所以传世的圆靠背交椅，基本都是明式家具；又如茶几，本身就是为适应清代家具布置方法而产生的品种，它由明代的长方形香几演变而来，传世的大量实物多为红木、新花梨制品，未见有年代较早的。显然，茶几是一种清式家具。类似的情况还有很多，如架几案是清初才出现的；独柱圆桌最早是清代雍正时期出现的；博古架主要是在清后期和民国时期比较流行；高花几是清代道光、咸丰时期出现的；组合式梳妆台、带玻璃门的书柜等则是清末民国时出现的，等等。了解这些可以基本掌握家具断代的上限。

明式家具结构部件装饰

明式家具的部件大多是在实用的基础上再赋予必要的艺术造型，很少有毫无意义的造作之举。每一个部件，在家具的整体中都用得很合理，分析起来都有一定的意义，既能使家具本身坚固持久，又能收到装饰和美化家具的艺术效果，更重要的是它主要以满足人们日常起居生活的需要为目的，这便是部件装饰的基本特点。

结构部件的使用大多仿效建筑的形式。如替木牙子，犹如建筑上承托大梁的替木。替木牙子又称托角牙子或倒挂牙子，家具上多用在横材与竖材相交的拐角处。也有的在两根立柱中间横木下安装一通长牙条的，犹如建筑上的“枋”。它和替木牙子都是辅助横梁承担重力的。托角牙有牙头和牙条之分，一般在椅背搭脑和立柱的结合部位，或者扶手与前角柱结合的部位，多使用牙头，而在一些形体较大的器物中，如方桌、长桌、衣架等，则多使用托角牙条。除牙头和牙条外，还有各种造型的牙子，如云拱牙子、云头牙子、弓背牙子、棂格牙子、悬鱼牙子、流苏牙子、龙纹牙子、凤纹牙子、各种花卉牙子等，这些富有装饰性的各式各样的牙子，既美化装饰了家具，同时在结构上也起着承托重量和加固的作用。

圈口，圈口是装在四框里的牙板，四面或三面牙板互相衔接，中间留出亮洞，故称圈口。常在案腿内框或亮格柜的两侧使用，有的正面也用这种装

饰，结构上起着辅助立柱支撑横梁的作用。常见有长方圈口、鱼肚圈口、椭圆圈口、海棠圈口等。三面圈口多为壶门式，圈口以四面牙板居多，因其下边有一道朝上的牙板，在使用中就必然要受到限制，尤其在正面，人体身躯和手脚经常出入磨擦的地方，很少有朝上的装饰出现，因此在众多的家具实物中，凡使用这种装饰的，都在侧面或人体不易接触的地方，如翘头案腿间的圈口、书格两侧的亮洞等。

壶门圈口与以上所说略有不同，通常所见以三面装板居多，四面极为少见。壶，本意指皇宫里的路，壶门，即皇宫里的门。它和其他各种圈口不同的是没有下边那道朝上的牙板，也正由于这一点，它不仅可在侧面使用，而且在正面也可以使用。

档板，档板的作用与圈口大体相同，起着加固四框的作用。其做法是用一整块木板镂雕出各种花纹，也有用小块木料做榫攒成棂格，镶在四框中间，

明代家具的搭脑

发挥着装饰与结构相统一的作用。

绦环板，是在竖向板面四边的里侧浮雕一道阳线，板面无论是方，还是长方，每边阳线都与边框保持相等的距离。在抽屉脸、柜门板心、柜子的两山镶板、架子床的上眉部分和高束腰家具的束腰部分，常使用绦环板这个部件。绦环板的上下两边镶入四框的通槽里，有的在桌子的束腰部分使用绦环板，桌牙通过束腰部位的绦环板和矮柱支撑着桌面。从整体分析，采用高束腰的目的在于拉大牙板与桌面的距离，从而也拉长了桌腿与桌面、桌牙的结合距离。这时桌牙实际上代替低束腰桌子的罗锅枨，从而进一步固定了四腿，提高了四足的牢固性。绦环板内一般施加适当的浮雕，或中间锼一条孔，也有的采用光素手法，环内无雕饰，既保持素雅的艺术效果，又有活泼新奇之感。

罗锅枨加矮佬。罗锅枨和矮佬通常相互配合使用，其作用也是固定四腿和支撑桌面。这种部件，都用在低束腰或无束腰的桌子和椅凳上。所谓罗锅枨，即横枨的中间部位比两头略高，呈拱形，或曰“桥梁形”，现在南方匠师还有称其为“桥梁档”的。在北方，人们喜欢把两头低中间高的桥用人的驼背来形容，称“罗锅桥”，因而把这种与罗锅桥相似的家具部件称为罗锅枨。在罗锅枨的中间，大多用较矮的立柱与上端的桌面连接。矮柱俗称矮佬，一般成组使用，多以两只为一组，长边两组，短边一组。罗锅枨的造型，在结构力学上的意义并不大，之所以这样做，目的是加大枨下空间，增加使用功能，同时又打破那种平直呆板的格式，使家具增添艺术上的活力。

霸王枨，霸王枨是装饰在低束腰的长桌、方桌或方几上的一种特殊的结构部件。形式与托角牙条相似，不同的是它不是连接在牙板上，而是从腿的内角向上延伸与桌面下的两条穿带相连，直接支撑着桌面，同时也加固了四足，这样就可以在桌牙下不再附加别的构件。为了避免出现死角，在桌牙与腿的转角处，多做出软圆角。霸王枨以其简练、朴实无华的造型，显示出典雅、文静的自然美。

搭脑，是装在椅背之上，用于连接立柱和背板的结构部件，正中稍高，并略向后卷，以便人们休息时将头搭靠在上面，故称搭脑。其两端微向下垂，

至尽头又向上挑起，有如古代官员的帽翅，这种造型属四出头式官帽椅。南官帽椅的搭脑向后卷的幅度略小，还有的没有后卷，只是正中稍高，两端略低，尽端也没有挑头，而是做出软圆角与立柱相连。

扶手，是装在椅子两侧供人架肘的构件。凡带这种构件的椅子均称为扶手椅。扶手的后端与后角柱相连，前端与前角柱相连，中间装联帮棍。如果椅子的前腿不穿过坐面的话，则需另装“鹅脖儿”。扶手的形式多样，有曲式，有直式，有平式，也有后高前低的坡式。

托泥，是装在家具足下的一种构件，形式一般随面板形状而定，有方、长方、圆及四、六、八角，梅花，海棠诸式，雕刻花纹的不多。托泥的使用也有个大体规律，一般曲腿家具使用较多，如三弯腿圆凳、香几、鼓腿彭牙方凳等。托泥既对腿足起保护作用，也有上下呼应，协调一致，增加稳重感的效果。

屏风帽子，是装在屏风顶端的一种构件，其结构对屏风的牢固性有重要作用，装饰性亦很强。屏帽正中一般稍高，两侧稍低，至两端又稍翘起，形如僧人所戴的帽子，故又称“昆卢帽”。大型座屏风陈设时位置相对固定，挪动的机会一般不多，屏风插在底座上之后，尽管屏框间有走马销连接，仍显势单力薄，而屏帽能把每扇屏风进一步合拢在一起，达到了上下协调和坚实牢固的目的。屏帽由于表面宽阔，也是得以施展和发挥装饰艺术的部位，人们多在屏帽上浮雕云龙、花卉和各样卷草图案。由于屏帽的衬托，使整个屏风更加有气势。

明式家具的线脚装饰

线脚装饰是对家具的某一部位或某一部件所赋予的纯装饰手法，对家具的结构不起什么作用，但线脚的使用，可以在很大程度上增添家具优美、柔和的艺术魅力。线脚装饰中有一种重要手法叫作“灯草线”，即一种圆形细线，以其形似灯芯草而得名。一般用在小形桌案的腿面正中，由于上下贯通全脚，又称通线，常常两道或三道并排使用。大一些的案腿，随腿的用料比例，这种线条又随之加大，再用灯草线形容显然不妥，人们把这种粗线条多称之为皮条线。

桌形结体的家具分为有束腰和无束腰两类。无束腰家具多用圆材，也有相当数量是方腿加线的，以光素为主，不再施加额外装饰。有束腰家具多用方料，在装饰方面比较容易发挥，因而做法也很多，如素混面，即表面略呈弧形；混面单边线，即在腿面一边雕出一道阳线；混面双边线，即在腿面两侧各起一道阳线，多装饰在案形结体的腿上或横梁、横带上。这些线条因在边上，也有称为压边线的，压边线不仅四腿边缘使用，在桌案的牙板边缘也常使用压边线。

方材家具还有一种装饰形式，名曰“打洼”。做法是在桌腿、横枨、桌面侧沿等处的表面向里挖成弧形凹槽，一道的叫单打洼，两道的叫双打洼。打洼家具的边棱，一般都做成凹线，俗称“倒棱”，与打洼形成粗细对比。

裹腿和裹腿劈料做法。这种做法通常用在无束腰的椅凳、桌案等器物上，是仿效竹藤家具的艺术效果而采取的一种独特的装饰手法。劈料做法是把材料表面做出两个或四个以上的圆柱体，好像是用几根圆木拼在一起，称为劈料。二道称二劈料，三道称三劈料，四道称四劈料。横向结构件如横枨，面沿部分也将表面雕出劈料形，在与腿的结合部位，采用腿外对头衔接的做法，把腿柱包裹在里面。为了拉大桌面与横枨的距离以加固四腿，大多在横枨之上装 3 块到 4 块镂空绦环板，中间安矮佬。如果是方桌，一般四面相同，长桌与方桌有所不同，因侧面较窄，只用一块或两块镶板就行了。

面沿，是指桌面侧沿的做工形式。从众多的桌、凳、几等各类家具的面沿看，很少有垂直而下的，也和其他部位一样，赋予各式各样的装饰线条。面沿的装饰效果，也直接影响着一件家具的整体效果。面沿的装饰形式有“冰盘沿”，在侧沿中间向下微向内收，使中间形成一道不太明显的棱线；“泥鳅背”，一种如手指粗细的圆背，形如泥鳅的脊背。有时小型翘头案的翘头也用这种装饰；“劈料沿”是把侧沿做出两层或三层圆面，好似三条圆棍拼在一起；“打洼沿”是把侧沿削出凹面；还有双洼沿、叠线沿等。

拦水线，是在桌面边缘上做出高于面心的一道边。在宴桌、供桌上使用

较多，因为在使用宴桌时，难免有水、酒、菜汤等洒在桌面上，如果没有拦水线的话，容易流向桌沿，脏了衣服。它不像“冰盘沿”那样出于纯装饰目的，拦水线实用性相当突出。

明式家具的腿足装饰更是多种多样，其中以马蹄形装饰为最多，马蹄大都装饰在带束腰的家具上，这已成为传统家具的一个规律。马蹄做法大体分为两种，即内翻马蹄和外翻马蹄。内翻马蹄有曲腿也有直腿，而外翻马蹄则都用弯腿，无论曲腿、直腿，一般都用一块整料做成。足饰除马蹄外，还有象鼻足、内外舒卷足、圆球式足、鹤腿蹼足、云头足等。马蹄足有带托泥和不带托泥两种做法，其他各种曲足大多带托泥。托泥本身也是家具的一种足饰，其作用主要是管束四腿，加强稳定。托泥之下还有龟脚，是一种极小的构件，因其尽端微向外撇，形似海龟脚而得名。

腿的装饰有直腿、三弯腿、弧腿彭牙、蚂蚱腿、仙鹤腿等。三弯腿，是腿部自束腰下向外膨出后又向内收，将到尽头日寸，又顺势向外翻卷，形成“乙”字形。弧腿彭牙，又可写作鼓腿彭牙，是腿部自束腰下膨出后又向内收而不再向外翻卷，腿弯呈弧形。蚂蚱腿，多用在外翻马蹄上，在腿的两侧做出锯齿形曲边，形似蚂蚱腿上的倒刺，故名。鹤腿笔直，足端较大，形如鸭子足趾间的肉蹼。

展腿，又称接腿桌。形式是四腿在拱屑以下约半尺的位置做出内翻或外翻马蹄，马蹄以下至地旋成圆材，好似下面的圆腿是另接上去的。按传统家具造型规律看，有束腰家具四腿都用方材，而方材既已做出马蹄，那么这件家具的形态即已完备，再用方材伸展腿足，显然不妥，不如索性用圆材，造成上方下圆、上繁下简的强烈对比。匠师们有意将有束腰家具和无束腰家具加以融会贯通，在造型艺术上是一种成功的尝试。

明式家具的雕刻装饰

雕刻装饰的手法可分毛雕、平雕、浮雕、圆雕、透雕、综合雕六种。

毛雕也叫凹雕，是在平板上或图案表面用粗细、深浅不同的曲线或直线

明式家具上的浮雕

来表现各种图案的一种雕刻手法。

平雕，即所雕花纹都与雕刻品表面保持一定的高度和深度。平雕有阴刻、阳刻两种，挖去图案部分，使所表现的图案低于衬底表面，这种做法称为阴刻；挖去衬底部分，使图案部分高出衬底表面，这种做法称为阳刻。如柜门板心的绦环线，插屏座上的裙板及披水牙等多使用平雕手法，且多用阳纹。阴刻手法在家具上使用不多。

浮雕，也称凸雕，分低浮雕、中浮雕和高浮雕几种。无论是哪一种浮雕，它们的图案纹路都有明显的高低、深浅变化，这也是它与平雕的不同之处。

圆雕，圆雕是立体的实体雕刻，也称全雕。如有的桌腿雕成竹节形，四面一体，即为圆雕。一般情况下，在家具上使用圆雕手法的较为少见。

透雕，在明式家具中，透雕是一种较为常见的装饰手法。如衣架中间的

中牌子、架子床上的眉板、椅背雕花板等。透雕是留出图案纹路，将底子部分镂空挖透，图案本身另外施加毛雕手法，使图案呈现出半立体感。透雕有一面做和两面做之别。一面做是在国案的一面施毛雕，将图案形象化，这种做法的器物适合靠墙陈设，并且位置相对固定。两面做是将图案的两面施加毛雕，如衣架当中的中牌子，常见多在绦环板内透雕夔龙、螭虎龙等图案。

综合雕，是将几种雕刻做法集于一物的综合手法，多见于屏风等大件器物。

明式家具的漆饰工艺手法

传统家具除以优质木材为原料外，以漆髹饰家具也是一个不可忽视的品种。漆家具一般分素漆及彩漆两大类。以各色素漆油饰家具主要是为了保护木质，而在素漆之上施加彩绘的各种手法则属于纯装饰目的，归纳起来主要有如下几个品种：

洒金，亦名撒金。即将金箔碾成碎末，撒在漆底上，外面再罩一道透明漆的做法。在山水风景中常用以装饰云霞、远山等。

描金，又名泥金画漆。是在漆底上以泥金描画花纹。其做法是在漆器表面用半透明漆调彩漆，薄描花纹在漆器表面上，然后放入温室，待到似干非干时，用丝棉球拈细金粉或银粉，刷在花纹上，成为金色或银色的花纹装饰。如果过早地刷上金银粉，不但沾着金银粉过多，造成浪费，而且也显示不出明亮的金银色彩。

描漆，即设色画漆，其做法是在光素的漆地上用各种色漆描画花纹。

描油，即用油调色在漆器上描画各种花纹。因为用油可以调出多种颜色，而有的颜色是用漆无论如何炼制也调配不出来的。如天蓝、雪白、桃红等色，用其描绘飞禽、走兽、昆虫、百花、云霞、人物等，无不俱尽其妙。

填漆，是在漆器表面上阴刻花纹，然后依纹饰色彩用漆填平，或用稠漆在漆面上做出高低不平的底子，然后根据纹饰要求填入各色漆，待干后磨平，从而显出花纹，都属于填漆类。

戗划，是在漆面上先用针或刀尖镂划出纤细的花纹，然后在阴纹中打上金胶，将金箔或银箔贴上去，成为金色或银色的花纹。这种做法为的是戗金的纹理仍留有阴纹痕迹。

第二节 高雅入时的明式家具

架子床与拔步床

1. 架子床

架子床，是明代非常流行的一种床，通常是四角安立柱、床顶、四足，除四角外在正面两侧尚有二柱，有的为六柱，柱子端承床顶，因为像顶架，所以称架子床。有月洞式门架子床、带门围子架子床、带脚踏式架子床等，种类繁多。一般为透雕装饰，如带门围子架子床。正面有两块方形门围子，后、左、右三面也有长围子，围栏上楣子板，四周床牙都雕饰着精美的图案。架子床造型好像一座缩小的房屋一样，床的柱杆如同建筑的“立柱”；床顶下周围有挂檐（又称楣子），很像建筑中的“雀替”；床下端有矮围子，其做法图案纹样像建筑的柱及栏杆。整个架子床从立面看如同建筑的开间，所以说整个床的造型酷似一座缩小的房屋。

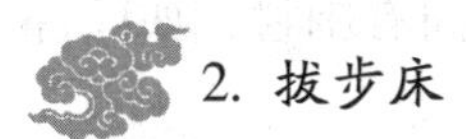

2. 拔步床

拔步床为明代晚期出现的一种大型床。拔步床自身体积庞大，结构复杂，从外形看好似栋小屋子。由两部分组成，一是架子床，二是架子床前的围廊，与架子床相连，为一整体，如同古代房屋前设置的回廊，虽小但人可进入其中，人跨步入回廊犹如跨入室内，回廊中间置一脚踏，两侧可以放置小桌凳、便桶、灯盏等。这种床式整体布局所造成的环境空间犹如房中又套了一座小房屋。又由于地下铺板，床置身于地板之上，故又有踏板床之称。拔步床的兴起实与明代士大夫阶级豪华奢侈的生活习尚有关。明代晚期，官吏腐败，他们平时以侈靡争雄，高筑宅第，室内布置出现了房中套房现象，像明刊本《烈女传》中插图就有这种房子的结构，其与拔步床房中有床的结构形式是相一致的。明代晚期出现拔步床是有其深刻的社会根源。有廊柱式拔步床，为拔步床的一种早期形态。围廊式的拔步床，为一种典型的拔步床。

目前全国范围内出土的拔步床明器不多，保存较好的一件为苏州博物馆收藏的明代首辅王锡爵墓出土的拔步床明器，仿厅廊结构，自身为束腰带门围子柱架子床结构，这张拔步床组成围廊的四根立柱下还保留了四块鼓形石础，说明拔步床的造型还保留了房屋结构的遗迹。另一件即上海潘允徽墓出土的以原物缩小制作而成的拔步床模型，因此是一件难得的标准器。潘允徽是明代嘉靖至万历年间的人，生前从八品为光禄寺掌醢监事。该墓于 1960 年在上海出土。潘氏墓出土的拔步床，其主体结构是有束腰带门围子

榉木攒花海棠花围拔步床

的六柱式架子床。在架子床前沿铺地板并栽立柱四根，柱间有围栏，如同古代房屋前设轩的廊子。

另外，上海市博物馆还收藏了一件明代绿釉陶床，其造型完全仿自古代殿堂建筑结构，有学者进行统计，其有突出的三点：第一，床前安立柱四根，与床体之间形成廊庑。立柱上端有滴水和斗拱，下端置石础，这是古代房屋常见的建筑形式，也就是古建筑中面阔三间的典型格调。立柱后面的床体位置和布局，又形同进深二间的堂室做法。第二，床面以下结构是古代常见的须弥座建筑形式。中国传统家具的束腰结构就是从古代须弥座形式演变而来的。第三，床面以上部位均用格子窗做床围子，这是把房屋建筑结构中的门窗移植到床体上的又一证据。

总而言之，架子床、拔步床完全按照房屋框架和装饰而制作，犹如房中又套了一座小房屋。

罗汉床

罗汉床是指一种床铺为独板、左右、后面装有围栏但不带床架的一种榻。早期罗汉床特点是五屏围子，前置踏板，有托泥，三弯腿宽厚，截面呈矩尺形。中期床前踏板消失，三弯腿一改其臃肿之态，腿足出现兽形状。到晚期仅三屏，这种罗汉床的床面三边设有矮围子，围子的做法有繁有简，最简洁质朴的做法是三块光素的整板，正中较高两侧稍矮，有的在整板上加一些浮雕图案，复杂一些的是透空做法，四边加框中部做各式几何图案花纹，如“卍”字、“十”字加套方等，其形式如建筑的档板。不设托泥，三弯腿变成了马蹄足。根据出土的明器和传世的罗汉床早中晚可分五围屏带踏板罗汉床、五围屏罗汉床、三围屏罗汉床。这种榻一般陈设于王公贵族的殿堂，给人一种庄严肃穆之感。

知识链接

家具的样式断代

许多家具的年代都可以从形式上的变化来判断。如坐墩的形式就经历了一个由矮胖到瘦高的变化过程。凡具有前者特征的坐墩，年代一般要早，形体适中者多为清中期以后的广式家具，苏州家具中也有仿制。在扶手椅中，凡靠背和扶手三面平直方正的，其制作年代大多较早。从罗汉床的床围子形式变化来看，三块独围板的罗汉床，要比三块攒框装板围子的早；围子尺寸矮的，早于尺寸高的；围子由三扇组成的，比五扇或七扇组成的要早。凡围子形式较早的罗汉床，其床身造法也较早。反之，则较晚。

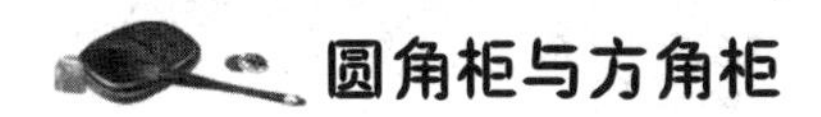

圆角柜与方角柜

1. 圆角柜

圆角柜的四框和腿足用一根木料做成，顶转角呈圆弧形，柜柱脚也相应的做成外圆内方形，四足“侧脚”，柜体上小下大做“收分”。对开两门，一般用整块板镶成。一般柜门转动采用门枢结构而不用合页。因立栓与门边较窄，板心又落堂镶成，所以配置条形面叶，北京工匠又称其为“面条柜”，是一种很有特征的明式家具。如中央工艺美术学院收藏的圆角柜，制作精美，是明式家具中的一件典型作品。

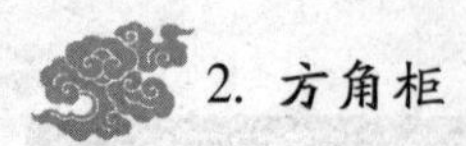

2. 方角柜

方角柜的柜顶没有柜帽，就像帽子没有帽檐一样，故不喷出，四角交接为直角，且柜体上下垂直，即上下一样宽，柜门一般采用明合页构造，简称“立柜”。小型的方角柜，又称其为“一封书”式立柜。

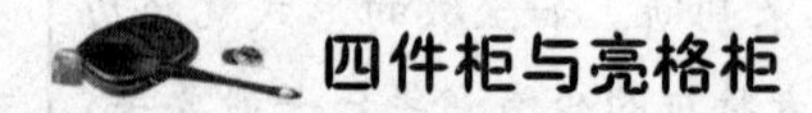

四件柜与亮格柜

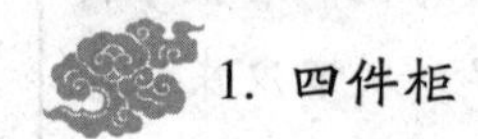

1. 四件柜

两组顶竖柜的联体称作四件柜，有的可分开使用，有的连在一起。分开使用称顶竖柜。所谓顶竖柜，就是由底柜和顶柜两部组成，底柜的长宽与顶柜的长宽相同，所以称其为“顶竖柜”。因顶竖柜大多成对在室内陈设，因为它是由两个底柜和两个顶柜组成，如果分开来共有四件，因而又名“四件柜”。如中央工艺美术学院收藏的门芯四件柜，有铜合页、铜面叶、铜吊牌和腿下的铜包脚，装饰非常美丽。

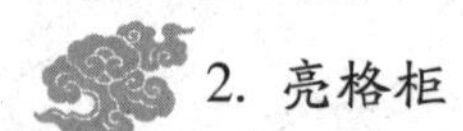

2. 亮格柜

亮格柜的亮格是指没有门的隔层，柜是指有门的隔层，故带有亮格层的立柜，统称“亮格柜”。明式亮格柜通常下层为柜，对开，内有分格板，即为柜的功能。上层是没有门的隔层，为两层空格，内中存放何物一目了然。正面有挂牙子装饰，具有书格的作用，没有门的隔层与有隔层的中间还有抽屉，又为橱的功能，是明式家具中一种较典型的式样。

另外明式书格，具有亮格柜的功能，专放书类物品。其形制大多正面不装门，两侧和后面也多透空。

闷户橱

明代橱类家具也很发达，常见的有衣橱、碗橱等。比较有特点的是闷户橱。它是一种具备承置物品和储藏物品双重功能的家具。外形如条案，与一般桌案同高，其上面做桌案使用，所以它仍具有桌案的功能。桌面下专置有抽屉，抽屉下还有可供储藏的空间箱体，叫作“闷仓”。

存放、取出东西时都需取出抽屉，故谓闷户橱，南方不多见，北方使用较普遍。闷户橱设置两个抽屉的称连二橱。闷户橱设有三个抽屉的称连三橱。闷户橱设有四个抽屉的称连四橱。此类家具非常具有实用价值，为大多数人所喜爱。此外明式橱柜也很有特点，为橱柜结合起来的家具，形制也与桌案相同。

明式支架

明式支架类家具非常发达，制作装饰也很精美，有衣架、盆架、镜架、灯架等，其中明式盆架一般与巾架结合起来使用。盆架是为了承托盆类器皿的架子，分四、五、六、八角等几种形式，也有上下“为”米字纹形的架子，架柱一般为六柱，分上下二层可放盆具。上部为巾架式，上横梁两端雕出二龙戏珠或灵芝等纹饰，中间二横枨间镶一镂雕花板或浮雕绦环板，制作非常精美。明式衣架尤其更甚，一般下有雕花木墩为座，两墩之间有立

明代衣橱

柱，在墩与立柱的部位有站牙，两柱之上有搭脑，两端出挑，并做圆雕装饰，中部一般有透雕的绦环板构成的中牌子，凡是横材与立柱相交之处，均有雕花挂牙和角牙支托。明式灯架中除固定式灯架外，还出现了一种升降式灯架，设计巧妙，可根据需要随时随地调节灯台的高度。

明式屏风

明式屏风较之宋代屏风不论是在制作技巧上，还是在品种样式上都有较大的发展。分座屏、曲屏两大类。装饰方法或雕刻、或镶嵌、或绘画、或书法。座屏中的屏座装饰比以前制作更加精巧，技术也更加娴熟，特别是到了明代中期以后逐渐出现了有名的“披水牙子”。所谓“披水牙子”为明清家具术语，也称“勒水花牙”，是牙条的一种，指屏风等设于两脚与屏座横档之间带斜坡的长条花牙，也就是指余波状的牙子，北京匠师称“披水牙子”，言其像墙头上斜面砌砖的披水。曲屏属于无固定陈设式家具，每扇屏风之间装有销钩，可张可合，非常轻巧，一般用较轻质的木材做成屏框，屏风用绢纸装裱，其上或绘山水花鸟，或绘名人书法，具有很高的文人品位。样式有六屏、八屏、十二屏不等。到明代晚期出现了一种悬挂墙上的挂屏成组成双，或二挂屏、或四挂屏。

知识链接

设计巧妙的官皮箱

明式箱虽保留着传统的样式，但不论在造型或装饰上都有所创新。种类也在不断增加。大到衣箱、药箱，小到官皮箱、百宝箱，为家居中必不

可少的贮藏类家具。装饰手法也很丰富，有剔红、嵌螺钿、描金，且多数有纪年。有传统式上开盖的衣箱，正面有铜饰件和如意云纹拍子、蛐蛐等，可上锁。为了便于外出携带和挪动，故一般形体不大，且装有提环，上锁、拉环在两侧。大体积的有明代万历年间龙纹黑漆描金药柜，为明代描金漆器中的一件珍品，现藏故宫博物院。明代有特色的为带屉箱，该箱正面有插门，插门后安抽屉，体积较大。明代宫廷大都采用此种高而方的箱具，与房内大床、高橱、衣架、高脸盆架等彼此协调，融为一体。

明式小体积箱类家具中尤其设计巧妙的要数官皮箱。它形体不大，但结构复杂，是一种体量较少制作较精美的小型度具，它是从宋代镜箱演进而来的，其上有开盖，盖下约有10厘米深的空间，可以放镜子，古代用铜镜，里面有支架，再下有抽屉，往往是三层，最下是底座，是古时的梳妆用具。抽屉前有门两扇，箱盖放下时可以和门上的子口扣合，使门不能打开。箱的两侧有提环，多为铜质。假若要开箱的话，就必须先打开金属锁具，后掀起子母口的顶盖，再打开两门才能取出抽屉，这便是官皮箱的特点。官皮箱合适于存放一些精巧的物品，如文书、契约、玺印之类的物品。这种箱子除作为家居用品之外，由于携带方便所以也常用于官员巡视出游之用，所以也称为“官皮箱”。它不但是明代常用的家具，同时也是清代较为常见的家具。

第三节 明式家具的桌案与几

方桌

凡四边长度相等的桌子都称为方桌。常见的有八仙桌，因每边可并坐 2 人，合坐 8 人，故称八仙桌。有带束腰和不带束腰两种形式。

方桌中还有一种一腿三牙式的，造型独特，其桌腿足的侧脚收分明显，足端亦不做任何装饰。桌面边框用材较宽，使腿子得以向里收缩。面下桌牙除随边两条外，另在桌角下沿装一小板牙，与其他两条长牙形成 135° 角。这三个方向的桌牙都同时装在一条桌腿上，共同支撑着桌面。故称一腿三牙。这种方桌不仅结构坚实，造型也很美观。

这个方桌颇具宋元风格，束腰采有双属矮老，分隔成九个空档，装雕花卉纹条环板。牙板雕卷云纹，三弯腿流畅自然，底足止于灵巧的上卷云纹。这种桌子多陈列于庙堂之中，又称供桌。

方桌中还有专用的棋牌桌，多为两层面，个别还有三层者。套面之下，正中做一方形槽斗，四周装抽屉，里面存放各种棋具，纸牌等。方槽上有活动盖，两面各画围棋、象棋两种棋盘。棋桌相对的两边靠左侧桌边，各做出一个直径 10 厘米、深 10 厘米的圆洞，是放围棋子用的，上有小盖，弈棋时可以盖好上层套面，或打牌，或做别的游戏。平时也可用作书桌，名为棋桌，是指它是专为弈棋而制作的，具备弈棋的器具与功能。实际上它是一种集棋

牌等活动于一身的多用途家具。

长桌、条桌与条案

长桌也叫长方桌，它的长度一般不超过宽度的两倍。长度超过宽度两倍以上的一般都称为条桌。分为有束腰和无束腰两种。

明代楠木石面条案

条案，则专指长度超过宽度两倍以上的案子。个别平头案的长度也有超过宽度两倍者，也属于条案范畴。

条案都无束腰，分平头和翘头两种，平头案有宽有窄。长度不超过宽度两倍的，人们常把它称为“油桌”，一般形体不大，实际上是一种案形结体的桌子。

明式条桌

较大的平头案有超过2米的，一般用于写字或作画，称为画案。

翘头案的长度一般都超过宽度两倍以上，有的超过四五倍以上，所以翘头案都称条案。明代翘头案多用铁力木和花梨木制成。两端的翘头常案面抹头为一木连作。在故宫博物院收藏的家具藏品中，这方面的实例很多。

圆桌和半圆桌

圆桌及半圆桌在明代并不多见，现在所能见到者多为清代作品，也分有束腰和无束腰两种。有束腰的，有五足、六足、八足者不等。足间或装横枨或装托泥。无束腰圆桌，一般不用腿，而在面下装一圆轴，插在一个台座上，桌面可以往来转动，开阔了面下的使用空间，增加了实用功能。

半圆桌，一个圆面分开做，使用时可分可合。靠直径两端腿做成半腿，

把两个半圆桌合在一起，两桌的腿靠严，实际是一条整腿的规格。在圆桌、半圆桌的基础上，又衍化出六、八角者。使用及做法大体相同，属于同一类别。在清代皇宫及王府园林中，是极常见的家具品种。

炕桌、炕几和炕案

炕桌、炕几和炕案，是在床榻上使用的一种矮形家具。它的结构特点多模仿大形桌案的做法，而造型却较大型桌案富于变化。如鼓腿彭牙桌、三弯腿炕桌等。

鼓腿彭牙做法，是桌腿自拱肩处彭出后向下延伸然后又向内收，尽端削出马蹄。牙板因随腿的张出也向外彭出，因而又写作“弧腿彭牙”。三弯腿炕桌的上部与鼓腿彭牙桌上部完全相同，唯有腿足自拱肩处向外张出后又向里弯曲，快到尽头时，又向外来个急转弯，形成外翻马蹄。

这类炕桌多用托泥。除框式托泥外，还有圆珠式托泥。

炕案的做法与大型条案相同，通常使用则与炕几的作用完全一致。在皇宫和王府厅堂常在临窗设坐炕，长度一般与建筑的开间相等，正中设炕桌，两侧放坐褥或隐枕，左右靠墙各摆一炕几或炕案，陈设炉、瓶、盆景等摆设。

炕几和炕案只是形制不同，长短大小则相差无几，多呈长条形，主要用于坐时靠倚，有时也有用于放置器物。

概括起来，炕桌、炕案和炕几，都属于同一范畴的家具。它们在使用中既可依凭靠倚，又可用于放置器物或用于宴享。

炕桌是一种近似方形的长方桌，它的长宽之比差距不大。

炕案除结构和造型有别于桌外，长宽之比的差距也较大。

炕几也叫靠几，长和宽的比例也较大，有别于炕桌。

明代时，炕几、炕桌和炕案的使用很普遍，而且非常讲究。明代《遵生八笺·起居安乐》中介绍说：“靠几，以水磨为之，高六寸，长二尺，阔一尺有多，置榻上，侧坐靠衬，或置薰炉、香盒书卷最便。三物吴中之式雅甚，又且适中。”

香几、矮几与蝶几

1. 香几

香几是用来焚香置炉的家具。但并不绝对，有时也可他用。

香几大多成组或成对使用。古书中对各种香几的描绘均很详细：“书室中香几之制，高可二尺八寸，几面或大理石，或岐阳、玛瑙石，或以骰子柏楠镶心，或四、八角，或方或梅花、或葵花、茨菇，或圆为式，或漆、或水磨诸木成造者，用以阁蒲石，或单玩美石，或置香橼盘，或置花尊以插多花，或单置一炉梵香，此高几也。”

香几的形制以束腰做法居多，腿足较高，多为三弯式，自束腰下开始向外彭出，拱肩最大处较几面外沿还要大出许多。足下带托泥。整体外观呈花瓶式。高度在 90 ~ 100 厘米之间。

2. 矮几

矮几是一种摆放在书案或条案之上用以陈设文玩器物的小几。这种几，由于以陈设文玩雅器为目的，故要求越矮越好。常见案头所置小几，以一板

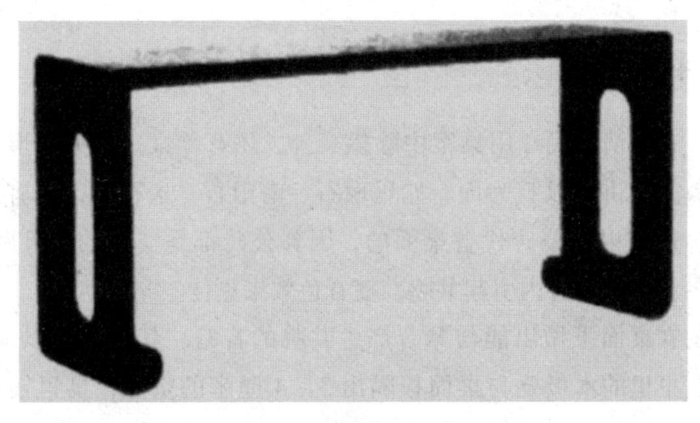

香几

为面，长二尺，阔一尺二寸，高仅三寸余，有的还嵌着金银片子。几面两端横设小档两条，用金泥涂之。面下不宜用腿，而用四牙。

矮几一般以方形或长方形居多。高度相当于扶手椅的扶手。通常情况下都设在两把椅子的中间，用以放置杯茶具，故名茶几。

3. 蝶几

蝶几又名“七巧桌”或“奇巧桌”。是依据七巧板的形状创意而成的。由七件形态各不相同的几子组成。为了使用方便，把个别形态的做成双件，这样说不止7件，多者可达13件。这7种几子的面板，其比例尺寸都要互相协调，有着极其严格的比例尺度，它比宋代发明的宴几更为新奇。它不仅可拼方形、长方形，还能拼成犬牙形，这在园林建筑的陈设中，可谓别具一格。

供桌、琴桌与画案

1. 供桌

供桌是在大堂和寺庙用来供奉神灵的桌子，如北京法源寺藏的明朝束腰霸王枨供桌，这种供桌有繁复的雕工图案。

2. 琴桌

琴桌，在明清两代专用桌案中除棋桌外，还有琴桌。琴桌的形制也大体沿用古制，尤其讲究以石为面，如玛瑙石、南阳石、永石等，也有采用厚木板做面的。还有以郭公砖代替桌面的，因郭公砖都是空心的，且两端透孔。使用时，琴音在空心砖内引起共鸣，使音色效果更佳。

还有的在桌面下做出能与琴音产生共鸣的音箱。其做法是以薄板为面，下装桌里，桌里的木板要与桌面板隔出3～4厘米的空隙，桌里镂出钱纹两个，是为音箱的透孔。桌身通体髹饰红漆，以理沟描金手法填戗龙纹图案。

3. 画案

民间画案较为朴素，然而，比起日常用的桌子，画案更多一些雕饰，如浙江省博物馆藏的明朝四面平浮雕画案，整个造型较为简单，然而，周围一圈和四足都有雅致的浮雕。而北京故宫博物馆藏的明朝束腰几形画案，造型则较为烦琐，四周雕有细密的花纹，应该是皇宫和王室的画案。

知识链接

桌与案的异同

桌子有两种形式，一种有束腰，一种无束腰。

有束腰桌子是在桌面下装一道缩进面沿的线条，尤如给家具系上一条腰带，故名“束腰”。束腰下的牙板仍与面沿垂直。

束腰有两种做法，一种低束腰，一种高束腰。

低束腰的牙板下一般还要安罗锅枨和矮佬，或者霸王枨。如果不用罗锅枨和霸王枨，则必须在足下装托泥，起额外加固作用。

高束腰家具面下装矮佬分为数格，四角即是外露的四腿上载，与矮佬融为一体。矮佬两侧分别起槽，牙板的上侧装托腮，中间镶安绦环板。绦环板的板心浮雕各种图案或镂空花纹。

高束腰的作用不但美化了家具，更重要的是拉大了牙板与面沿的距离，有效地固定了四腿。因而牙板下不必再有过多的辅助部件。

有束腰家具不管低束腰还是高束腰，在桌子的四足都削出内翻或外翻马蹄，有的还在腿的中间部分雕出云纹翅。这已成为有束腰家具的一个特征。

无束腰桌子，即四腿直接支撑桌面，四腿之间有牙板或横枨连接，用以固定四足和支撑桌面。无束腰桌子不论圆腿也好，方腿也好，足端一般不做任何装饰。只有个别的为减少四足磨损而在足端装上铜套的。其主要目的在于保护四足，同时也起到相应的装饰效果。

案的造型有别于桌子。突出表现为案腿足不在四角，而在案的两侧向里收进一些的位置上。两侧的腿间大都镶有雕刻各种图案的板心或各式圈口。

案足有两种做法，一种是案足不直接接地，而是落在托泥上。它又不像桌子托泥那样用四框攒成，而是两腿共用一个长条形的木方子。每张案子需用两个托泥。另一种是不用托泥的，腿足直接接地，在两腿下端横枨以下分别向外撇出。

这两种案上部的做法基本相同，案腿上端横向开出夹头榫，前后两面各用一个通长的牙板把两侧案腿贯通在一起，使腿和牙板共同支撑案面。两侧的腿还有意向外出，以增加稳定性。

还有一种与案稍有不同的家具，其两侧腿足下不带托泥，也无圈口和雕花板心，而是在腿间稍上一些的位置上平装两条横枨。有的在左右两腿间的长牙板下再加一条长枨。这类家具，如果面上两端装有翘头，那么无论大小，一般都称为案。如果不带翘头，那就另当别论了。这类家具，人们一般把较大的称为案，较小的称为桌子。

桌形结体一般不包括案，而案形结体不仅包括案，也包括这种类型的桌子。人们把大者称案，自不必说，把小者称桌，即案形结体的桌子。说明这类小案桌与同等大小的桌子在使用功能上没有什么区别。也说明案和桌自产生、发展到现在，始终保持着极其密切的联系。

第四节 明式家具中的坐具

宝座与交椅

1. 宝座

宝座，和平常椅子相比，形体较大，造型结构模仿床榻做法。在皇宫和皇家园林、行宫别墅里陈设，为皇帝专用的都称为宝座；而下级官吏或地方富豪们所用则不能称为宝座，只能称为座椅或大椅。这类椅子很少成对，大多单独陈设，常设在厅堂正中或其他显要位置。明代高濂《遵生八笺》说："默坐凝神，运用需要坐椅，宽舒可以盘足后靠……使筋骨舒畅，气血流行。"说的就是这种大椅。文震亨的《长物志》也说："椅之制最多，曾见元螺钿椅，大可容二人，其制最古。乌木嵌大理石者，最称贵重，然亦须照古式为之。总之，宜矮不宜高，宜阔不宜狭。"也是说的这种椅子。

2. 交椅

交椅，即汉代末期北方传入的胡床。形制为前后两腿交叉，交接点做轴，上横梁穿绳代坐，于前腿上截即坐面后角上安装弧形栲栳圈，正中有背板支撑，人坐其上可以后靠，遂称交椅。在日常使用和陈设中等级较高，一般只有男主人与贵客享用，妇女和下等人常坐一般圆凳。

交椅不仅在室内陈设使用，外出时还可携带。宋元明乃至后来的清代，皇室官员和大户人家外出巡游、狩猎，都携带这种椅子。在明代《明宣宗行乐图》中，就有这种交椅挂在马背上。这种交椅由于其适合人体休息需要，深受人们的喜爱，故而历经唐宋元明上下1000余年，形体结构一直没有明显的变化。

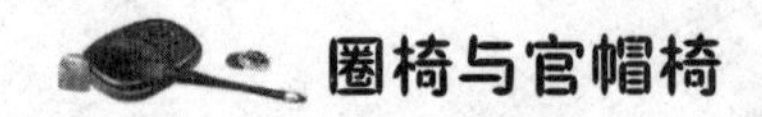

圈椅与官帽椅

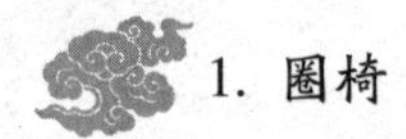

1. 圈椅

圈椅，圈椅的椅圈与交椅椅圈完全相同。交椅的命名是以面下特点命名，圈椅的名称是以面上的特点命名。严格来说，交椅也应属圈椅的一种，由于交椅历史早于圈椅，故列于前。圈椅的出现晚于交椅，故列于后。圈椅是由交椅演变而来的，交椅的椅圈自搭脑部伸向两侧又向前顺势而下，尽端形成扶手，人们在就坐时，两手、两肘、两臂一并得到支撑，很舒适，颇受人们喜爱，逐渐发展为专在室内使用的圈椅。由于在室内陈设和使用相对稳定，所以无须使用交叉腿，而采用四足，以木板做面，和一般椅子的坐面没有大区别，只是椅的上部还保留着交椅的形式，在厅堂陈设及使用中，大多成对，单独使用的不多。

圈椅的弧形椅圈多用圆材拼接，搭脑处稍粗，自搭脑向两端渐次收细，为与椅图形成上下和谐的效果，这类椅子的下部腿足和面上的立柱也多采取用圆料光素的做法，只在正面牙板正中点缀一组浮浅简单的花纹，以达到画龙点睛的作用。明代中后期，又出现一种座面以下采甩鼓腿彭牙带托泥的圈椅。尽管造形富于变化，然而四根立柱并非与四腿是一木连作，而系另安，这样势必影响椅圈的牢固性。明代时，圈椅的椅式极受世人推崇，在陈设和使用中，等级不亚于甚至超过交椅，以致当时人们把圈椅称为“太师椅”，使其篡了交椅的位。

明代还有一种半圈椅，犹如自椅圈两后边柱前一刀砍下，没有前端的扶

手。此椅形制见于明代版画，未见实物。这种半圈椅造形也很雅观，椅圈自背板顶端的搭脑伸向两侧角柱，与两个后角柱连接后，即不再向下延伸，成为无扶手的靠背椅。弧形搭脑的作用只把背板顶端向后倾，形成105°的背倾角，其造型、特点应属圈椅当中的又一种形式。

2. 官帽椅

官帽椅，官帽椅是因其造型酷似古代官员的帽子而得名。官帽椅又分南官帽椅和四出头式官帽椅，南官帽椅的造型特点是在椅背立柱与搭脑的衔接处做出软圆角，做法是由立柱作榫头，搭脑两端的下面作榫窝，横梁压在柱上，椅面两侧扶手也采用同样做法，背板做成“S”形曲线，一般用一块整木做成。明末清初出现木框镶板做法，由于木框带弯，板心多由几块拼接，中间装横带，背板正中，常透雕或浮雕一组如意云头或其他简单图案，起局部点缀作用。面下由牙板与四腿支撑坐面，正面牙板由中间向两边做出壶门形门牙，这种椅形在南方使用较多，常见多为花梨木，且大都加工成圆材，给人以圆浑优美的印象。

四出头式官帽椅是将椅背搭脑和扶手的拐角处不做成软圆角，而是搭脑两端和扶手前端通过立柱后继续向前伸出，尽端微外撇，并磨成光润的圆头。这种椅子也多用黄花梨木制成，背板全用整块木板刮磨成“S”形曲线，大方的造型和清晰美丽的木质纹理，形成俊秀雅洁的艺术韵味，是北方常见的椅形。这种椅子的椅腿和椅背立柱以及扶手鹅脖都用一根整木连作。从众多的官帽椅实物看，南官帽椅在形式上较容易发挥，因此有方料和圆料两种做法。四出头式则不然，它不仅都用圆材，且造型一般没有什么变化。

玫瑰式椅与靠背椅

1. 玫瑰式椅

玫瑰式椅，这种椅形实际上是南官帽椅的一种，在宋代名画中曾有所见，

明代时使用这种椅子的逐渐增多。它的椅背通常低于其他各式椅子，和扶手的高度相差无几，背靠窗台平列数把椅子，不致高出窗台，配合桌案陈设时又不高出桌沿。由于这些与众不同的特点，使并不十分实用的玫瑰椅深受人们喜爱，并广为流行。

黄花梨木玫瑰式椅

玫瑰椅常用花梨木或鸡翅木制成，一般不用紫檀木或红木。玫瑰椅的名称在北京匠师的口语当中较为流行，南方无此名，而称其为“文椅”。玫瑰椅的名称，目前也未见史书记载，只在《鲁班经》一书中有“瑰子式椅”的条目，但是否就是我们所说的玫瑰椅，目前还不能确定。

玫瑰二字本指很美的玉石，《史记·司马相如传》有：“其石则赤玉玫瑰。”又有：“玫瑰碧琳，珊瑚丛生”的句子，其中“玫瑰”都指的是美玉。单就瑰字讲，一曰“美石”，一曰“奇伟”，即珍贵的意思。从玫瑰椅的造型来看，这种椅子都用圆材做成，的确独具匠心，和其他椅形相比，显得新颖、别致，达到了珍奇、美丽的效果。用“玫瑰”二字称呼这种椅子，当是对这种椅子的高度赞美。

2. 靠背椅

靠背椅，是仅有后背没有扶手的椅子。有一统碑式和灯挂式两种形式。一统碑式的椅背搭脑与南官帽椅相同，灯挂式椅的靠背搭脑与四出头式相同，因其横梁长出两柱，又微向上翘，犹如挑灯的灯杆，因此名其为“灯挂”椅。一般靠背椅的椅形较官帽椅略小，在用材和装饰上，硬木、杂木、各种漆饰等皆有之。特点是轻巧灵活，使用方便。

靠背椅原先称作养和，又称懒架，据传为北魏曹操所创，唐代称“养和”，到明清时又称欹床或靠背，有带坐面和不带坐面的两种。其形制酷似椅子的靠背，后安支架，可以撑放活动，用来调节使用角度。这种椅子多在床榻上或席地坐卧时使用，如在树荫下乘凉，在茵席上设置一张养和，或侧倚，或后靠，都很舒适。这种家具实物所见不多，而历代名画和古代书籍中却多有记载和描绘。晚明谢在杭的《五杂俎》中有这样一句话：“皮日休有桐户养和一具，怪形拳局，坐若变去，谓之乌龙养和。养和者，隐囊之属也，按李泌以松胶枝隐背，谓之养和。”谢在杭此语是抄录前人所记，从这段记载可知养和在唐代即有所使用。明代高濂《遵生八笺·起居安乐》卷下说：“靠背，以杂木为之，中穿细藤，如镜架然，高可二尺，阔尺三寸，下做机踊，以准高低。置之榻上坐起靠背，偃仰适情，甚可人意。”古代绘画中如宋代李嵩《听阮图》、明代郑重的《长生仙桂图》和谢时臣的《画山水扇》中都可以看到养和的形象和使用情况。

以上所说的是仅有靠背没有座面的养和，还有带座面而不带四足的，名曰“欹床”。《遵生八笺·起居安乐》卷下说：“欹床，高一尺二寸，长六尺五寸，用竹藤编之，勿用板，轻则童子易抬，上置圈椅靠背，如镜架，后有撑放活动，以适高低。如醉卧偃仰观书，并花下卧赏，甚妙。”这种欹床，因形体较长，多采用两节组合形式。用竹藤来编，一为柔软有弹性，二为减轻重量，以便于搬抬。可见这是一种既实用、又轻便灵活的家具。

杌凳和绣墩

杌凳和绣墩都是不带靠背的坐具。明代杌凳大体可分方、长方、圆形几种，杌和凳是同一器物，一般来讲，杌比凳略小，凳子又分有束腰和无束腰两种形式，有束腰的都用方材，一般不用圆材，而无束腰杌凳用材上方材圆材都有，如罗锅枨加矮佬方凳，裹腿劈料方凳等。有束腰者可用曲腿，如鼓腿彭牙方凳，无束腰者都用直腿，有束腰者足端都做出内翻或外翻马蹄，而无束腰者腿足不论是方是圆，足端都不做任何装饰。凳面所镶板心，做法也

不相同，有落堂与不落堂两种，落堂的面板四周略低于边框，不落堂的则与边框齐平。面心的质地也多种多样，有影木心的，有各色硬木的，有木框漆心的，还有藤心、席心，大理石心，等等。杌凳的用材和制作都很讲究，制凳一般宜用窄边镶板为雅，如用川柏作心，外镶乌木框，最显古朴，也可用杂木，黑漆心等，如制作不俗，也应列为上品。

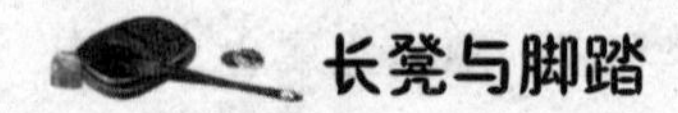

长凳与脚踏

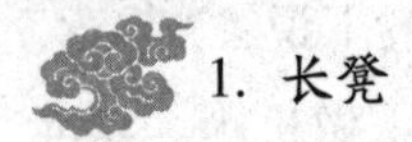

1. 长凳

长凳中有长方和长条两种。有的长方凳长和宽的差距不大，一般统称方凳。长和宽差距明显的多称春凳，这种长凳长度可供二人并坐，宽度相当于长度的二分之一或不足，席地坐时，又可当作条几使用，是一种既可供坐又可放物的两用家具。条凳坐面细长，也可供二人并坐，一张八仙桌四面各放一条长凳，是城市中饭馆或茶馆中常见的使用模式。这类条凳的四腿大多做成四批八叉形，四足间的占地面积相当于面板的两倍，因而显得异常稳定。

明代的圆凳造型略显墩实，三足、四足、五足、六足都有，做法一般与方凳相似，以带束腰的占多数。无束腰圆凳都采用在腿的顶端作榫，直接承托坐面。有束腰圆凳的腿子上截不外露，而主要通过牙板和束腰支撑坐面，它和方凳的不同之处在于，方凳因受角的限制，面下都用四足，而圆凳不受角的限制，最少三足，最多可达八足。圆凳一般形体较大，腿足做成弧形，牙板随腿足彭出，足端削出马蹄，名曰鼓腿彭牙。

凳字最早并不指坐具，而是专指蹬具，把无靠背坐具称为凳子，那是后来的事了。汉代刘熙《释名·释床帐》说：“榻凳施于大床之前小榻之上，所以登床也。”显然是一种上床的用具，也就是我们今天所见的脚踏，又称脚凳。

知识链接

家具的构件断代

在鉴定过程中，有时也可根据某些构件的具体造法来判断，但这种方法必须结合整体造型和其他构件造法。

明代家具牙条为直条

1. 搭脑。凡靠背椅和木梳背椅的搭脑（靠背顶端的横料）中部，有一段高起的，要比直搭脑晚；靠背椅的搭脑与后腿上端格角相交，是一统碑椅的特点，为广式家具的传统造法。苏州地区造的明式椅子（灯挂椅），此处多用挖烟袋锅卯，时代较早。

2. 屉盘。明清家具的椅凳和床榻的屉盘（座盘），有软硬两种。软屉用棕、藤皮或其他动植物纤维编成；硬屉则用木板，一般采用打槽装法。考究的明及清前期家具，大都是苏州地区的产品，屉盘多为软屉，少有硬屉。今存完好的传世软屉家具，大多可视为苏州地区制造，而硬屉家具则很可能是广州或其他地区所造。而硬面贴席的做法则是清末粗制滥造的做法，这里值得注意的是，软屉容易朽坏，后人修补改制的可能是存在的。

3. 牙条。桌几的牙条如果属于与束腰一木连作，就早于两木分做的；椅子正面的牙条仅为一直条，或带极小的牙头，为广式家具的造法，时代较晚。苏州地区制造的明式家具，其牙条下的牙头较长，或直落到脚踏枨（赶枨），成为券口牙子。夹头榫条案的牙头造得格外宽大，形状显得臃肿笨拙的，大多是清代中期后的造法。

4. 枨子。凡罗锅枨的弯度较小且无婉转自然之势、显得生硬的家具，制作年代较晚；明式家具的管脚枨都用直枨，而清中期后管脚枨常用罗锅枨。晚期的苏式家具更是流行这种做法。这是区别明式和清式家具十分重要的特点。

5. 卡子花。明式家具上常用双套环、吉祥草、云纹、寿字、方胜、扁圆等式样。清中期以后的卡子花逐渐增大且趋于烦琐，有些做出花朵果实，有些造成扁方的雕花板块或镂空的如意头。根据卡子花的式样，可有效地判别明式和清式家具，并确定其大致年代。

6. 腿足。明式家具除直足外，还有鼓腿彭牙、三弯腿等向内或向外兜转的腿足。其线条自然流畅。清中期的家具腿足常做无意义的弯曲，略显矫揉造作，在清晚期的苏式家具中，这种做法尤为突出。其造法通常是先用大料做成直足，然后在中部以下削去一段，并向内骤然弯曲，至马蹄之上又向外弯出。这种做法大至大椅，小至案头几座，无不如此。

7. 马蹄。明式家具与清式家具的马蹄区别显著。前者是向内或向外兜转，轮廓优美劲峭，体态略扁；而后者则呈长方或正方，并常有回文、如意、灵芝雕饰。

2. 脚踏

脚踏，常和大椅和宝座、床榻组合使用，除蹬以上床或就座外，还有搭脚的作用。一般宝座或大椅的坐面都超过人小腿的高度，人坐在椅上两脚必然悬空，如果设置了脚踏，就相对减少了椅子的高度，人的腿足自然落在脚踏上，使人感到十分舒适。明代时，在道教养生术中还把脚凳与健身运动结合起来，制成滚凳。道家认为人足心的涌泉穴是人之精气所生之地，养生家认为时常摩擦此处，有益于长寿养生，遂创意制成滚凳。其形制是在平常脚凳的基础上将正中装隔档分成两格，每格各装滚木一枚，两头做轴，使木滚可以来回转动。人坐椅上，以脚踹轴，使脚掌中的涌泉穴得到摩擦，收到使身体各部筋骨舒畅、气血流行的效果。明代高濂介绍滚凳说："涌泉之穴，人之精气所生之地。养生家时常欲令人摩擦。今置木凳，长二尺六寸，高如常，四柱镶成，中分一档，内二空中车圆木两根，两头留轴转动，凳中凿窍活装，以脚踹轴，往来脚底，令涌泉穴受擦，无须童子，终日为之便甚。"

马扎与马杌

凳类当中还有"马扎""马杌"之称，马扎即汉代时无靠背胡床，后称交杌。古时官员或女眷们出行，须由侍从人员携带交椅或交杌，交椅用于临时休息，交杌则用于上马或下马时作为蹬具。宋代时有用木面方凳的，因而形成专供上马和下马时使用的凳子，名曰"马凳"或"马杌"。这类凳子形体不大，高度与平常坐凳相仿，平时也可以用于坐。宋代《春游晚归国》和明人所绘的《杨妃上马图》都生动地描绘了马杌在当时的使用情况。

此外，在四川华阳县境内发现的元明两代墓葬中出土的陶俑，山东邹县明代墓葬出土的仪仗俑中，都有一人肩扛马杌，跟在马后。这些资料，使我们更深入地了解到马杌的使用习俗。

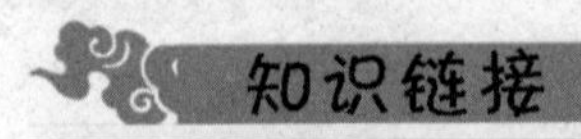
知识链接

绣墩的作用

绣墩，也是一种无靠背坐具。它的特点是面下不用腿足，而采用攒鼓的做法，形成两端小中间大的腰鼓形。因在两端各雕一道弦纹和象征固定鼓皮的帽钉，因此又名“花鼓墩”。

绣墩除木制外，还有蒲草编织、竹藤编织的，也有瓷质、雕漆、彩漆描金的。木制多用较高级的木材做成，且以深色为多，通常所见为紫檀、红木所造。在造型上，除圆形外，还有从圆形派生出来的瓜棱式、海棠式、梅花式等。明末清初，又出现四、五、六、八角的，也很雅观。蒲草所编为蒲墩，高一尺二寸，四面编束细密坚实，内用木车做板，以柱托顶，外用锦饰，多在冬季使用。藤墩的做法是将藤条扎束成大小不同的圆环，再将4至6个圆环彼此相连，以藤皮扎牢，上下再各用一较大的藤圈与立圈扎紧，上圈平面装板衬以竹席，即成藤墩。绣墩的使用通常还要根据不同季节辅以不同的软垫和绣有精美花纹的坐套，二者合在一起，才是名副其实的绣墩。

第六章

雍容典雅的清式家具

中国家具在清初这一时期基本延续了明代家具的风格。在康熙、雍正、乾隆三代盛世时期，社会财富的积累达到顶峰，皇家的园林建筑大量兴建，清朝皇帝为显示正统的地位，对皇室家具的形制、用料、尺寸、装饰内容、摆放位置等都要过问，工匠为了完成皇帝的旨意，在家具造型和雕饰上竭力显示皇家的正统、威严，讲究用料厚重，尺度宏大，雕饰繁复，一改明式家具简洁雅致的韵味。皇帝既然如此，满清权贵更是纷纷效法。当时满清显贵的私家园林争奇斗艳，贵族之间斗奇夸富已成风气。追求物质生活的享受和极端奢靡的意识形态，反映在家具的制作上，如此一来，家具有了炫耀富贵的功能。

第一节 富丽的清式家具

清式家具的特点和风格

清式家具与明式家具在造型艺术及风格上有着明显差异。清式家具的特点首先表现在用材厚重上，家具的总体尺寸较明代宽大，相应的局部尺寸也随之加大。其次是装饰华丽，表现手法主要是镶嵌、雕刻及彩绘等。所体现的稳重、精致、豪华、艳丽的风格，和明式家具的朴素、大方、优美、舒适的风格形成鲜明的对比。

清式家具

清式家具和明式家具相比，自然不如明式家具那样具有很高的科学性，但仍有许多独到之处。由于清式家具以富丽、豪华、稳重、威严为标准，为达到设计目的，利用各种手段，采用多种材料，多种形式，巧妙地装饰在家具上，效果也很成功。此外，清代家具还具有鲜明的地方特点和风格，

较前代有所不同。

清代时，家具产地主要有广州、苏州、北京三处，它们各代表一个地区的风格特点，被称为代表清式家具的三大名作。在这三大名作中，又以广式家具最为突出，并得到统治者的赏识，清宫造办处还成立了单独的广木作，由广东招募优秀工匠，专门为宫廷生产广式家具。

清代自康熙晚期至乾隆初期，曾一度开放宁波和厦门两个口岸达20年，在与海外的通商贸易中，来往最多的是日本，交易品类中有相当数量的东洋漆家具，这些洋家具进入皇宫，深得统治者喜爱。从清代宫中贡档当中得知，在这一时期内，除从日本进口家具外，还在宁波、淮安、福州、九江、长芦等地大批仿制洋漆家具，以供皇家享用。尤其是福州的仿制家具，以金漆描画山水楼阁，惟妙惟肖，装饰花纹则以西洋花纹占多数，使得福州家具在漆器工艺上居全国之首。

清式家具的雕饰纹饰

清式家具的雕饰纹饰明显比明式家具复杂，决定其纹饰的因素很多，时代特点，地域差别，材质局限，市场需求，这些都可以构成清式家具的主流纹饰。清式家具明显减弱了对结构的重视，而注意力转向了装饰家具细节之上。

清代硬木家具采用较多的雕饰是这一时期的特点。清代的木雕工继承了前代已成熟的技艺，又借鉴牙雕、竹雕、石雕、漆雕、玉雕等多种工艺手法，逐渐形成了刀法严谨、细腻入微的独特风格。

由于清代的木雕工善于模仿，因而清代家具上可见到历代艺术品不同风格的雕饰，如仿元明时剔红漆器；仿明代的竹雕；有些上等家具的雕饰从图案到刀法与同期的牙雕相似。

清式家具就整体而言，清前期到清中期，雕饰颇具特色。尤其是上等家具的雕饰，属于创新的写实艺术，制作技艺达到了历史的顶峰。而清晚期家具的雕饰大都粗制滥造，败坏着清式家具的名声。

鸡翅木架架案式书桌

关于雕饰，可以从图案和技法两个方面进行研讨。清式家具雕饰图案较成功的可以包括以下五类：

第一类为仿古图案，如仿古玉纹、古青铜器纹、古石雕纹以及由这些纹饰演变出的变体图案。这类纹饰较多用起浮雕的方法。

第二类为几何图案，多以简练的线条组合变化成为富有韵律感的各式图案。

以上这两类图案均以“古”“雅”为特征，较为现代人所接受。饰有这两类图案的家具，其式样、结构、用料及做工手法多具典型苏州地区家具风格。由此可推测其多为苏州地区制品，或是出于内府造办处的苏州工匠之手。其中有些雕饰从技法到图案都堪称永恒的传世佳作。

第三类为具有典型皇权象征的图案，如龙纹、凤纹等。清代的龙纹上乘之作多气势生动，但也有些雕饰得过于喧嚣。值得一提的是，以龙凤为主题演变出的夔龙、夔凤、草龙、螭龙、拐子龙等图案，是很成功的创新设计。

第四类为西洋纹饰和中西纹饰相结合的图案，尤其是清代宫中所用的家具，雕有西洋图案的占相当比例。这些图案多为卷舒的草叶、蔷薇、大贝壳等，与当今陈列在海外各博物馆中的18—19世纪欧洲贵族和皇家家具以及同时期的西方建筑雕饰图案相类似。这些图案具有浪漫的田园色彩，十分富丽。但也有些造作之气，显然能引起中国皇家、贵族的共鸣和喜爱。至于中西结合的图案，是清代的创新之举。有的作品纹饰结合巧妙自然，不露痕迹。

第五类是刻有书法家的诗文作品，这也应属于一种雕饰。明代已有在家具上刻诗文的实例，人清之后大为盛行。多见的形式为阴刻填金、填漆及起底浮雕。亦有镶嵌镂雕文字者，如紫檀屏心板上嵌以镂雕黄杨木字的挂屏。严格分类，应作为雕饰与镶嵌相结合之属。

家具上雕饰的图案不仅与家具的产地有对应关系，也可以在判定家具制作年代时作为参考。刻有年款的家具是极少数，但根据家具上的雕饰图案与其他有款识的清代工艺品，如瓷器等进行比照，可以推断出家具的年代。此外，雕饰图案和雕饰工艺也是帮助确定一件家具的产地、时代以及使用者的社会阶层的重要参考依据。

精美的图案要用精湛的雕刻手艺才能体现，因此，家具的雕刻技法必须认真研究。

怎样区分清代家具与清式家具

清代家具与清式家具是完全不同的两个概念。

清代家具和明代家具一样，也属于时间概念。

清代家具大体分为三个时段：

1. 清代初期，即清入关至康熙晚期；
2. 雍正至乾隆、嘉庆时期；
3. 道光至清代末期。

清代康熙年以前生产的家具仍保留着明式风格，因而被列为明式家具。

进入雍正朝以后，由于经济的繁荣，形成盛世局面，各项手工艺得以高度发展，家具艺术一改明式那种简练格调，形成独特的风格、特点，被誉为代表清代风格的清式家具。

清式家具风格特点主要表现在以下几个方面：

1. 用材厚重，形体宽大，局部尺寸也大多采用夸张的手法。

2. 用材广泛。在用材方面除各种硬质木材外，还有各种金属，各种玉石，玛瑙、青金、绿松、蜜蜡、沉香、螺钿、象牙，各色瓷，各种羽毛画，刺绣品等，可谓用材广泛。

3. 装饰手法丰富多彩。装饰手法主要有三种：雕刻、镶嵌、彩绘。

雕刻装饰一般采取深浮雕的手法，图案反映出高中低三个层次。

镶嵌装饰则多种材料并用、多种工艺结合，使得嵌件的自然色彩巧妙运用，使其图案形象逼真。

彩绘装饰多体现在漆器家具上，做法是以各色漆描绘各式花纹。

比如，苏式家具常于硬木框内镶安柴木板心，表面涂漆，在漆面上或彩绘或镶嵌各式花纹。

4. 做工精细。做工精细是反映匠师们技艺高低的关键所在。一个高超的技师既要有熟练的技艺，还要有机敏的悟性和灵感。在制作过程中，要全神贯注，一丝不苟，才能做出格高神秀的艺术珍品来。

5. 整体造型稳重、精致、豪华、艳丽。清式家具虽不如明式家具那样具有很高的科学性，但仍有很多独到之处。它不像明式家具那样以朴素、大方、优美、舒适为标准，而是以厚重、豪华、富丽堂皇为取向，因而显得厚重有余，俊秀不足，也缺乏应有的科学性。

第二节 清式家具的盛世新风尚

雄壮华丽的卧具

清式床榻结构基本上承明式，但用料粗壮，形体宏伟，雕饰繁缛，工艺复杂，技艺精湛。皇宫贵族喜用庄严雍容的紫檀木料，不惜工时，在床体四

清代红木床榻

处雕龙画凤，特别是架子床顶上加装有雕饰的飘檐，多繁雕成“松鹤百年”“葫芦万代”“蝙蝠流云”“子孙满堂”等寓意福禄寿喜和吉祥的图案。有的其下有抽屉，就是腿足的纹饰变化也很多。

罗汉床出现大面积雕饰，有三围屏、五围屏、七围屏不等，有的镶嵌玉石、大理石、螺钿或金漆彩画，围屏上都是经过精心雕饰，其做法千姿百态。总之，清式床榻的特点是力求繁缛多致，追求庞大豪华，纹饰常以寓意吉祥图案为主，并与明式床榻的简明风格形成鲜明对比。

雕饰精细的凳、墩

凳、墩总体造型大致延续明代风格形式，但有地域性区别。清代苏式凳子基本承接明代形式。广式外部装饰和形体变化较大。京式则矜持稳重，繁缛雕琢，并出现加铜饰件等装饰方法。形体大体可分方、圆两形，方形里有长方形和正方形，圆形里又分梅花形、海棠形等，还有开光和不开光的，两形有带托泥和不带托泥之分，并加强了装饰力度，形式上变化多端，如罗锅枨加矮老、直枨加矮老做法、裹腿做法、劈料做法、十字枨做法等。腿部有直腿、曲腿、三弯腿。足部有内翻或外翻马蹄、虎头足、羊蹄足、回纹足等。面心有各式硬木、镶嵌彩石、影木、嵌大理石心等。南北方对凳的称呼有异，北方称凳为杌凳，南方则称为圆凳、方凳。马杌凳是一种专供上下马踩踏用的，也称“下马杌子”。清代的折叠凳形式很多，也称“马闸子”，方形交杌出现了支架与杌腿相交处用铜环相连接制作，十分精美。

有套脚的凳子

套脚为家具铜饰件，是套在家具足端的一种铜饰件，铜足可保护凳足，既可防止腿足受潮腐朽，避免开裂，又具有特殊装饰作用，为清式凳足部的一种装饰方法。如紫檀木方凳，四足底部有铜套，铜足头高 5.5 厘米。铜足做筒状，有底，中塞圆木，凿方孔，凳足也凿方榫眼，用铜栽榫接合一体。

足为铜足做圆筒状，有装饰效果，防止木足直接着地腐朽。此凳用紫檀制作，边抹攒框榫接，面心为独板落塘肚。四腿如四根圆形立柱支撑凳面，罗锅枨加矮老与凳面相接，每边为四个矮老，罗锅枨和矮老均为圆形，矮老上端以齐头碰和束腰榫接，下以格肩榫和罗锅枨相接。

凳子除了普通木材所制以外，还有用紫檀、花梨、红木、楠木等高级木材制造的。座面有木制、大理石心等。边框有镶玉、镶珐琅、包镶文竹等装饰。用材和制作讲究且不拘一格，丰富多彩。一般带托泥束腰方凳，有高束腰，下接透雕牙条，三弯腿外翻足，足下有托泥。四角有小龟足。制作之精细是前代家具所无法比拟的，如清乾隆年出品的紫檀木镶珐琅方凳，就是这时的精品。还有一种凳称为骨牌凳，是江南民间凳子中常见的一种款式，因其凳面长宽比例与“骨牌”类似而得名。此凳整体结构简练，质朴无华。

民俗意识浓厚的春凳

春凳是一种可供两人坐用、凳面较宽、无靠背的一种凳子，江南地区往往把二人凳称为春凳，常在婚嫁时上置被褥，贴上喜花，作为抬进夫家的嫁妆家具。春凳可供婴儿睡觉及放衣物，故制作时常与床同高。明式家具中已

清代春凳

有春凳，春凳的形制在清代宫中制作时有一定规矩，有黑光漆嵌螺钿春凳等精品。民间却无一定尺寸，为粗木制作，一般用本色或刷色罩油。

知识链接

家具的纹饰断代

明清家具上的花纹，是鉴定家具制作年代的最好依据。家具花纹与其他工艺品的花纹一样，具有鲜明的时代性，因此，在鉴定家具时，有确切年代的其他工艺品上的花纹，是很好的对比参照物。但在参照时，宜采用题材相同或接近的加以对比，这样就较容易判断年代，而且准确率高。比如较早的龙纹，上下龙颚基本同等大小，相对来看，整个龙鼻较小，时代

明代龙纹直板砚

越晚，龙鼻则变得越长。明代从永乐至嘉靖年间的龙纹，其形制变化虽缓，却显而易见。清代晚期，龙纹的口、鼻渐变成如象鼻似的比例，下颚深陷于肥厚的上鼻颚之下。凭借着家具上雕刻龙纹的演变就可以判断年代。

再比如明中期的麒麟一定为卧姿，即前后腿均跪卧在地。而明晚期至清早期，麒麟一定为坐姿，前腿不再跪而是伸直，但后腿仍与明中期相同。进入清康熙朝以后，麒麟前后腿都站立起来。上海博物馆藏明式黄花梨木麒麟纹交椅，靠背板中间纹饰为麒麟洞石祥云纹，麒麟为站姿，做回首状，制作时期应当为清康熙年间，这比通常认定的年代迟了一百年。再比如灵芝纹是家具上常见纹饰，明朝的灵芝纹远不如清代生动，尤其康熙晚期至乾隆早期，灵芝纹比比皆是，运用极广，以雍正一朝使用为最多。博古图案在清朝流行过两次，一次是康熙时期，一次是同、光时期，两次博古图案，前者提倡优雅清闲，后者推崇金石味道。同为博古，内涵有异，形式区位不同，稍加比较便很容易地将前清博古与晚清博古分开。

形态各异的圆凳与墩

圆凳和墩常设在小面积房间里，而坐墩不仅在室内使用，也常在庭园室外设置。清式的圆凳、坐墩在继承明式做法的同时，在造型和装饰方面处处翻新，一般四面都有装饰，有黑漆描金彩绘、雕漆、填漆以及各种木制、瓷制、珐琅制等，精美异常。凳面有圆形，也有变形圆形。乾隆年间所制圆凳，又有海棠式、梅花式、桃式、扇面式等。如梅花凳是一种颇有特色的凳子，其凳面呈梅花形，故设有五脚，造型别致，做工考究。梅花凳式样较多，做法不一，其中以鼓腿彭牙设置托泥的最为复杂。再如海棠式五开光坐墩也是

具有特色的坐具，此墩形体瘦高，是清式常用式样。圆形墩，腹部大，上下小，称为“鼓墩”，是形体各异形成坐具中很有趣的品种，一般在上下彭牙上也做两道弦纹和鼓钉，保留着蒙皮革，钉帽钉的形式，墩身四面开光，墩身雕满云纹，雕工细腻，为清式精品。瓜墩是一种呈甜瓜形的坐墩，并常在墩体下设四个外翻马蹄小足，还装上铜饰，更显示出古色盎然。此外还有铺锦披绣的“绣墩”。

繁雕豪华的椅子

清式椅子现存传世的实物非常丰富，从中可以看到，清式椅子在继承明式椅子的基础上有很大发展，区别较明显。用材较明代宽厚粗壮，装饰上是明式椅子的背板圆形浮雕或根本不装饰，而变为繁缛雕琢。清式椅面喜用硬板，明式常用软屉。清式官帽椅较明式官帽椅更注重用材，多用紫檀、红木制成，而苏式则用榉木制作。清初制作的梳背椅仍保存了明代的样式，至清代太师椅式样并无定式。人们一般将体形较大、做工精致、设在厅堂上用的扶手椅、屏背椅等都称作太师椅。清代的扶手椅常与几成套使用对称式陈列。清式交椅演化出一种交足而靠背后仰的躺椅，亦称“折椅”，可随意平放、竖立或折叠，可坐可卧。总之，清式座椅制作比以前更加精美，繁雕更加豪华，成为清式家具的典型代表。

名副其实的一统碑椅

清式靠背椅在明式靠背椅的基础上有很大的发展，制作精细，最有特色的是一统碑式靠背椅，因此椅比灯挂椅的后背宽而直，但搭脑两端不出头，像一座碑碣，故而得名“一统碑”椅，南方民间亦称“单靠”。清式一统碑椅基本保持了明式式样，但在装饰方面逐渐烦琐。清式一统碑椅的背板一般用浅雕纹饰，但整体出现了繁褥雕刻和镶嵌装饰，这种椅变化最大的是广式做法，一般用红木制作。还有一种苏式做法，即所谓“一统碑木梳靠背椅”，

用红木或榉木制作。宫廷中的也有黑漆描金彩画等装饰。

形体像一统碑椅只是靠背搭脑出挑的清式灯挂椅常省去前面踏脚枨、两侧枨下牙条和角牙，喜用红木、榉木、铁力木等木材纹清晰和坚硬的材料做成，一般不上色，即所谓“清水货”。

清式交椅

常用回纹的圈椅

回纹是清式家具中最有代表性的装饰纹样，是一种方折角的回旋线条，即往复自中心向外环绕的构图，其表现形式有单个同一方向的旋转、两个向心形旋转、S形旋转等多种形式，很可能是仿商周青铜器纹饰。常用在椅子背板、扶手、腿足部分，桌案的牙条、牙头等部分也最喜欢用回纹，以至于人们将带有回纹装饰的家具作为清式家具的代名词，也就是说有回纹装饰的家具一般都为清式家具。清式圈椅的足部纹饰最喜欢用回纹装饰。清式圈椅雕饰程度大大增加，回纹细腻有序，常用来雕饰在清式圈椅的足部。椅背常用回纹浅雕，也有镂雕纹饰或蝙蝠倒挂形纹饰。清式圈椅和明式圈椅最大区别是基本不做束腰式，明式直腿多，清式有直腿也有三弯腿，常在直线腿部中间挖料，到回纹足上又挖去一小块，从而显得烦琐。

气派非凡的宝座

清式扶手椅比明式扶手椅有更大的发展，其中有一种外形硕大的扶手椅，俗称“宝座”。宝座是宫廷大殿上供皇帝、后妃和皇室使用的椅子。为使椅子更显金碧辉煌、气派非凡，常用硕大的材料制成。宝座常带有托泥和踏脚，

技法上常使用透雕、浮雕相接合的方法，装饰常以蟠龙纹为主，辅以回纹、莲瓣纹饰，还施以云龙等繁复的雕刻纹样，再贴上真金箔，髹涂金漆，镶嵌真珠宝，座面铺黄色织锦软垫。整个座椅极度华贵，成为至高无上的皇权象征。常在大殿中和屏风配套使用。

另外皇亲国戚、满汉达官显贵日常生活用的椅子也比一般民间生活用椅要宽大得多，称大椅，常雕镂精美。而清代园林和大户人家厅堂上使用的扶手椅，江南俗“独座”，是吸取大椅和宝座的特征，由太师椅演变而来的，一般靠背还嵌有云石，是江南地区别具一格的座椅。

清式屏背椅常见的有独屏式、三屏式、五屏式，而将形体较大的又称“太师椅”。清式太师椅椅背基本是三屏式。而五屏式扶手椅，椅背有三扇，扶手左右各一扇，扇里外有的雕饰花纹，有的嵌装瓷板，花纹有云纹、拐子纹、山水花草纹等。这种扶手椅整体气势雄伟。

芳名玫瑰的座椅

清式座椅中有许多是由花来命名的，有所谓梅花形凳、海棠形凳，等等，基本上是由形而得名。玫瑰椅得名是否与形有关不得而知，但这种座椅非常精致美丽是有目共睹的。这种扶手椅的后背与扶手高低相差不多，比一般椅子的后背低，在居室中陈设较灵活，靠窗台陈设使用时不致高出窗沿而阻挡视线，椅形较小，造型别致，用材较轻巧，易搬动。常见的式样是在靠背和扶手内部装券口牙条，与牙条端口相连的横枨下又安短柱或结子花。也有在靠背上做透雕，式样

黄花梨透雕靠背玫瑰椅

较多，别具一格，是明式和清式家具常见的一种椅子式样。

玫瑰椅在江南一带常称“文椅”，是明式家具中“苏做”的一种椅子款式，一般常供文人书房、画轩、小馆陈设和使用。式样考究，制作精工，造型单纯优美，有一种所谓“书卷之气”，故称为“文椅”。清式玫瑰椅用材都较贵重，多以红木、铁力木，也有用紫檀的。脚面用剑棱线。

千姿百态的方桌和条桌

清代桌子以名称繁多为其特点。有膳桌、供桌、油桌、千拼桌、账桌、八仙桌、炕桌。清代桌子不但品种多，装饰美观，而且随着制作经验的丰富和工艺水平的提高，结构也更成熟。有无束腰攒牙子方桌、束腰攒牙子方桌、一腿三牙式罗锅枨方桌、垛边柿蒂纹麻将桌、绳纹连环套八仙桌、束腰回纹条桌、红漆四屉书桌等，其桌做工十分考究。特别是清式方形桌中的八仙桌，其品种多，装饰手法千姿百态，最常见一种桌面镶嵌大理石，一般都束腰，且四面有透雕牙板。

做工考究的圆桌

圆型桌一般面为圆形，但它的变化也很多，有束腰式，有五足、六足、八足者不等。桌面制作很讲究，有用厚木板、影木的；也有用各种石料的，有用各种天然彩石镶嵌成面，颜色丰富。从形制看有无束腰五环圆桌、高束腰组合圆桌、束腰带托泥圆桌、镶大理石雕花大圆桌等，最有特点的是圆柱式独腿圆桌。此类桌一般桌面下正中制成独腿圆柱式，如故宫博物院珍藏的紫檀圆桌，通高84.5厘米、面径118.5厘米。桌面下正中制圆柱式独腿，上有的6个花角牙支撑桌面，下为6个站牙抵住圆柱，并与下面踏脚相接，起支撑稳固作用。上、下节圆柱以圆孔和轴相套接，桌面可自由转动，造型优美、既稳重又灵巧。

清式还有一种圆面分为两半的桌子，称半圆桌。使用时可分可合。两个

半圆桌合在一起时腿靠严实，是清式家具中常见的家具品种之一。

古色古香的多宝格

架格是家具中立架空间被分隔成若干格层的一种家具，主要供存放物品用。其中间设有背板和上有券口牙子的较为讲究。最为考究的是多宝架，这是一种类似书架式的木器，中设不同样式的许多层小格，格内陈设各种古玩、器皿，又称博古架。清代由于满汉达官显贵嗜好佩戴饰物、贮藏珍宝，所以就制造了多宝格这种架式贮藏家具。多宝格兼有收藏、陈设的双重作用，与一般纯做贮藏的箱、盒略有不同。之所以称为“多宝格”，是由于每一件珍宝，按其形制巨细都占有一“格”位置的缘故。多宝格形式繁多，各不相同。

多宝格

由于其制作精美，本身就是一件绝妙的工艺品，其价值并不亚于所列的珍宝，如故宫博物院收藏的紫檀多宝格就是一件精品。

有些依据书体规格制作的称之谓书格或书架。清式支架中有一种放书的格架，如故宫博物院收藏的康熙年制一个五彩螺钿加金、银片书格架，高223厘米、长114厘米、宽57.5厘米，楠木胎，周身为黑褪光漆，上面用五彩螺钿和金、银片托嵌成花纹图案，上刻“大清康熙癸丑年制”款。书格工精、图案优美，是一件难得的大件而又精美的工艺品。

百宝嵌的巾架

皇宫制品的面盆架一般都镶嵌百宝等什锦。这种技法在明代开始流行，到清初达到高峰。所谓“百宝嵌”就是用珊瑚、玛瑙、琥珀、玳瑁、螺钿、象牙、犀角、玉石等做成嵌件，镶成绚丽华美的画面，使整个家具显得琳琅满目。一般为四足、六足不等，后两足与巾架相连，有的中有花牌子，巾架搭脑两端出挑，多雕有云纹、凤首等，圆柱用两组“米”字形横枨结构分别连接，面盆就直接坐在上层“米”字形横枨上，是清式支架类家具中颇具特色的一种家具款式，如现藏故宫博物院的黄花梨面盆架。这件清代制作的面盆架，面盆架直径71厘米、前足高74.5厘米、后足高201.5厘米，搭脑两端安装灰玉琢成的龙头，在黄花梨木上镶嵌百宝饰物，显得十分富丽豪华，是中国家具中少有的一件精品。此外还有六足面盆架带巾架、挂巾圆盆架，做工考究。

精致的升降式烛灯架

灯台是当时室内照明用具之一，功能与现代的落地台灯相似，既可不依桌案，又可随意移动，还具有陈设作用。清式固定式和升降式灯台更加精美。

升降式灯台是清代室内的照明用具之一。当时室内照明用的蜡烛或油灯放置台，往往做成架子形式，底座采用座屏形式，灯杆下端有横木，构成丁

字形，横木两端出榫，纳入底座主柱内侧的直槽中，横木和灯杆可以顺着直槽上下滑动。灯杆从立柱顶部横杆中央的圆孔穿出，孔旁设木楔。当灯杆提到需用的高度时，按下木楔固定灯杆。杆头托平台，可承灯罩。升降式灯架南方俗称“满堂红”，因民间喜庆吉日都用其设置厅堂上照明而得名。

固定式灯台其结构有十字形式三角形的木墩底座，中树立柱做灯杆，并用站牙把灯杆夹住，杆头上托平台，可承灯罩。

此外，清式镜架也很有特点，有一种架做交叉状，可撑斜镜面，小巧精美。清式座屏式衣架也是一种有特色的支架类家具，一般座屏从选材、设计、雕刻、工艺制作等方面都可达到很高的艺术水平。

第三节 清代的宫廷家具及其布置

皇家的家具制作单位——造办处木作

清代的宫廷家具是指配置在皇家建筑中的家具，比如在紫禁城、避暑山庄、圆明园等场所的家具。清朝的宫廷家具大部分来自皇家的家具制作单位——造办处木作。也有相当数量是各地进贡给皇室的家具和皇室到各地专门定制的家具。

清代有关部门档案都有宫廷家具的详细记载，如“活计档”“陈设档”“贡档”等。乾隆九年（1744 年）清宫造办处的“活计档”，可以看到宫廷家具制作的分工极细，仅此一本，我们可知分刻字工、雕镏工、油工、木工、

匣工等的情况。嘉庆三年（1798 年）清宫的“陈设档”，我们从中可以看出每件宫廷家具都有各自固定的位置，不可随意挪动。

宫中工匠的待遇

清代皇家造办处设立木作始于康熙年间。木匠制作的地方集中在紫禁城和圆明园附近。工匠一般来源于广州和苏州两地。当地知名的工匠经过地方官员的筛选和保举，来到京城的造办处，经过试用合格后方正式录用。

在当时能到京城给皇家做工，是一件很风光的事情。进京前，当地政府支付一笔安家费，乾隆中期在六十两到一百两白银不等，到了京城正式录用以后，皇家还要发放一笔安置费，约为六十两白银。并且安排住处，工匠带不带家眷自便。入宫的木匠可以得到内务府的旗籍，可见待遇非同一般。

木匠在为皇室做工的时候，有丰厚的工银。在乾隆年间，宫中的木匠每月发放的银两分三等，分别是六两、八两和十两。按同期官府户部俸禄标准，已经高于一个知县的俸禄。如果活儿做得好，还可以获得皇家的奖赏，这是惯例。赏赐的程序是：先由主管根据完成活儿的数量和质量，初拟赏物或赏银数量。然后呈送皇上批阅。御批的赏赐常常高于拟赏数量，以示皇恩。例如，乾隆元年（1736 年）档案记载，×月二十日“花梨木雕云龙柜一对呈进，奉旨拟赏”。五日后，“拟得赏大缎二匹，貂皮四张”，后乾隆帝阅批“着赏大缎四匹，貂皮十张”，比拟赏高出一倍还多。

木匠工具

工匠在做工期间，至少管一顿午饭。每年有回乡扫墓的假期，工钱照发，还报销路费。这种待遇在封建的各行业中是很少见的。乾隆皇帝曾多次提及，皇家的工程是“料给值、工给价”。即便是做的活儿不符合要求，

最重的处罚也就是革退，“永不录用”，而对官府管理人员的处罚则更重一些。

正是这样，工匠可以无所顾虑，充分发挥其手艺，全身心投入家具的制作之中。但他们没有自由创作的机会，艺术创作必须按照一定的模式，需符合清代的宫廷风格。

宫廷家具的制作过程

每件宫廷家具的设计、施工、验收以及修改过程均记录在案。而且宫廷家具的制作有一套严格的审批程序。要做一件家具，首先要画出画样供皇帝御览、修改、批准。一些重要的家具，比如木佛龛，往往要出两三套设计方案的小木样。经过几番修改之后，才能“照样准做”。

乾隆三十年（1765 年）清官“活计档”，此页记录了先做样品审查的程序。

家具的设计方案与画样，有些是由工匠自行完成的，也有宫廷画师绘制的。更有价值的是宫廷艺术家以及外国艺术家，如郎世宁、王致诚、沙如玉等为家具设计样式。他们把当时欧洲流行的巴洛克和洛可可风格引入了清代宫廷家具。传世的清代宫廷家具中近半数带有西洋的风格。例如雕饰大贝壳、西番莲纹饰等。这种引进不是简单的照搬，而是借鉴了西洋的纹饰。多数西洋调子的宫廷家具设计是成功的，很多是为圆明园量身制定的，与其建筑风格十分协调。

太和殿内景

造办处有许多装饰部门——“作”，如“雕作”“珐琅作”“镶嵌作”“镀金作”“漆作”等，使得木工工艺与其他工艺相结合，形成了清代宫廷家具的新形态，这也是民间家具不可比拟的地方。例如清中期造办处制作的翘头四门炕

柜，结合了多种工艺，制作难度极大，非皇家的能力难以完成。

清宫的家具制作也有严密的管理制度。从领料定额、工时定额、制作成本到质量标准都有详细条例，配合木工制作的雕工、嵌工、磨工、油工、铜匠、铁匠等各道工序分工明确、责权分明、工时计算有章可依，形成了一个很好的管理体系。

清代宫廷家具制作中一个独特的现象是帝王的直接参与，以雍正、乾隆两帝最为积极。雍正对中国传统的木器有很深的造诣，熟悉其内部结构和工艺，因而从设计到施工，从整体到局部，都能拿出解决的方案。

乾隆对家具也是非常喜欢，几乎每一件家具都是在他过问下设计、选料、制作、修改后完成的。乾隆时期，除了大件家具外，也制作了不少小型储物家具。如百宝箱、多宝格、什锦架等，有的随大件家具一起发往南方制作。就连这些小件木器的设计、制作和修改，乾隆也都不厌其烦地做出详细具体的指示。详尽到每个箱中应设多少抽屉、多少隔层，哪个隔层贴什么布料，以后放什么器物，各个不同的小门用什么材料、整体套什么颜色、哪处雕什么花纹、雕到什么程度，等等。

“活计档”中有这么一段记载，乾隆三十年为九尊佛像制作木质佛龛，造办处在二月二十六日呈上纸样一张，乾隆看过后不是很满意，于是传旨“另画画样”。三月初六，造办处将新画的样稿呈上，乾隆看完后，还是不满意，并写下修改意见：“将龛面宽两边各放一寸。其立柱、观门并下座俱长高二寸，再画样呈览。”到了三月初十，造办处再次呈上修改后的画稿，这才“照样准做”。

太和殿家具布置

太和殿是外朝的主殿，建筑的规格是三大殿之首，每次的大典和朝会都在这里举行，这里代表了皇权的至高无上和威严华贵。殿内的金漆蟠龙大柱，绚丽的彩画，蟠龙金凤藻井，铺地的金砖等为家具的陈设做好了铺垫，因为功能的特殊，大殿中没有其他的家具，所有的家具用品围绕着皇帝的宝座而

太和殿宝座

布置。宝座等家具设在高近 1.6 米巨大地台上，地台设三路阶梯，阶梯之间设香炉和高束腰香几。每路有七级台阶，阶梯上铺大红地毯，中间的地毯上绣着巨型金龙云水图。宝座下又设地平，束腰须弥座式的地平通体金漆彩绘，地平之上又铺金黄色地毯。

宝座就设在地平的正中，宝座的形体十分宽大，上下通高 172.5 厘米，横宽158.5～162 厘米。贴金和上金漆的装饰手法，使宝座通体金光熠熠，绚丽夺目。座体是高束腰托泥式，四周透雕着双龙戏珠的图案。座上面是高扶手的圆形靠背，扶手的立柱上雕饰着 13 条盘绕金龙，靠背中间的挡板上的雕饰分成上、中、下三个部分。上部雕刻着一条昂首张口，将要腾空而起的金龙；中间的部分最大，采用浮雕的方式，雕刻着火球和云龙；下面的部分透雕着卷叶和文草。宝座前设有脚踏，造型与装饰风格和宝座呼应一致，重在突出皇帝威严、尊贵的非凡气势。

宝座后设有七重屏风，高 4 米多，宽 5 米多。对称依次递减，屏首厚重，呈元宝状，透雕着火球和金龙等，屏身也分三部分，中间镶绦环板，最大的绦环板上雕刻着双龙戏珠的图案。整个屏风装饰极其豪华，气势雄伟。它与金漆盘龙宝座以及脚踏、香几、香筒、仙鹤、角端、巨大台基等，共同形成了太和殿的布局形式。

中和殿、保和殿、乾清宫家具布置

这三所殿宇中家具的陈设格局与太和殿大致相同，宝座、屏风、地台、香几必不可少。但等级不及太和殿，外观上也没有太和殿雄伟壮观、富丽堂皇。中和殿因为是皇帝临时休息的场所，所以没有烦琐阶梯的地台，以须弥座式的地平代替。宝座和屏风以及脚踏更为方便实用，宝座上厚厚的软包柔软舒适，更像现代的沙发。

保和殿的地台为三路五级式，屏风为三联式，都比太和殿要小一些，也简单些。保和殿的宝座有两层束腰底座，脚踏也比一般的稍高，宝座靠背为

保和殿内景装饰

透雕蟠龙嵌面心板，宽度和厚度虽不如太和殿的宝座，但在台基和屏风的对比之下，整体显得格外壮观。

乾清宫的家具布置和太和殿最为相近，但宝座前有御案，所以宝座形体相对要小，屏风为五重，地台、香炉、香筒和仙鹤都相应小些。比例上依旧给人以巨大的尺度之感，显得宏伟壮观。

养心殿的家具陈设

养心殿是清朝皇帝办公和休息的地方，该殿分前殿和后殿两个部分。前殿包括大殿正殿和东暖阁、西暖阁，可以说是皇帝处理政务的办公室和书房。

大殿正殿悬挂“中正仁和”的匾额。匾额下设三联屏风，屏风左右是存放《十三经》和《二十四史》等书籍的书格，屏风前设花梨木地平，地平上设有御案和花梨木宝座。宝座两边设香几、宫扇，御案两侧设角端、垂恩香筒等。宝座上设丝锦靠背和隐枕，地平上设织毛花毯。陈设形式上虽然与太和殿类似，但更趋于生活化。

养心殿东暖阁曾经是慈禧太后临朝听政的地方，我们现在看到的宝座是皇帝坐的，宝座背后垂着金黄色的纱质帘幕，帘幕后的大宝座床就是慈禧当年的坐具。召见臣下时，帘幕放下，慈禧坐在帘幕后的大宝座床上，皇帝则坐在帘幕前的宝座上。在这以前，慈禧和慈安两宫皇太后垂帘听政时，大宝座床曾经改为双座。

西暖阁最有名的地方就是三希堂，因为乾隆帝在这间不大的书房里收藏了三件稀世之宝：王羲之的真迹《快雪时晴帖》，王献之的真迹《中秋帖》，王珣的真迹《伯远帖》，因此取名三希堂。三希堂的匾额悬挂在东侧靠南的墙壁上，靠南面窗旁设有宝座床，靠背、坐垫和隐枕位于匾额下，前面设有卷书式炕几，南面靠窗的有一溜儿起台，上面放有与文房四宝有关的小物件。东面和北面的墙壁上嵌有各种彩陶宝瓶。三希堂面积不大，但布置得很巧妙，大量书画名家的作品收藏于此。

养心殿的家具布置有着明显的变化，如前殿正殿的家具主要突出宽大、

乾清宫正殿内景

雄伟、明亮，各种陈设对称严谨，层次分明。其目的在于显示皇权的尊贵、威严和不凡气度。而后殿的布置格局轻松，柔美而秀雅，生活气息浓郁。

宫廷客厅中常见的陈设形式还有以宝座为中心的对称格局，如避暑山庄的烟波致爽殿。

宫廷卧室中常见的家具陈设格局有内间式和炕榻式。

知识链接

清代官府采办和外省进贡的宫廷家具

清代的宫廷家具还有一部分不是内务府造办处的工匠在京制作的，而

是由各地方政府和设外机构代办。通常是由内务府向各级机构下一道谕旨，列出所需要物品，然后由当地主管官员向当地的家具商行交款定做。所需款项由各地方政府衙门和织造衙门支付，但要定期向内务府送交奏销清册，从宫中进单可以看出每年各地向宫中进贡的木器家具数量极大。下面是乾隆三十六年七月初四到七月十七日一共14天中进贡的家具清单。

乾隆三十六年七月初四日福州将军弘响进单：

紫檀宝座一尊，紫檀御案一张，紫檀顾秀日月同春蟠桃献寿五屏风一座，紫檀嵌玉福寿万年如意九枝，紫檀秀墩八张，紫檀琴桌一对，紫檀天香几一对，孔雀宫扇一对，鸾翎宫扇一对。

乾隆三十六年七月初六日两淮盐政李质颖进单：

紫檀间斑竹万仙祝寿三屏风成座，紫檀间斑竹万仙祝寿宝座成尊，紫檀间斑竹万仙祝寿文榻成座，紫檀间斑竹万仙祝寿御案成座，紫檀间斑竹万仙祝寿天香几成对，紫檀间斑竹万仙祝寿炕几成对，紫檀间斑竹万仙祝寿琴桌成对，紫檀间斑竹万仙祝寿秀墩四对，紫檀间斑竹万仙祝寿鸾扇成对。

乾隆三十六年七月初九日江西巡抚海明进单：

雕刻竹式花梨宝椅一座（随绣褥脚踏全），雕刻竹式花梨香几一对，雕刻竹式花梨书案一件，雕刻竹式花梨膳桌一对，雕刻竹式花梨炕书架一对，影漆描金透绣插屏一对，影漆描金琴桌一对，方杌二对（随绣褥），影漆描金炕几一对，缫丝挂屏一对，绣花挂屏一对。

乾隆三十六年七月十七日两广总督李侍尧进单：

紫檀雕花宝座一尊，紫檀雕花御案一张，紫檀镶玻璃三屏风一座，紫檀雕花炕几一对，紫檀雕花宝座十二张，紫檀雕云龙大柜一对，紫檀镶玻璃衣镜一对，紫檀雕花大案一对，紫檀雕花天香几一对。

短短14天中进贡的木器家具共33件，不包括小物件。节日前夕各地进贡更是如同潮水一般。但是宫廷房屋多，家具的需求量非常大。到了清朝后期，各地进贡家具数量上锐减，质量上甚至出现偷工减料，以次充好的现象。

图片授权

全景网

壹图网

中华图片库

林静文化摄影部

敬　启

本书图片的编选，参阅了一些网站和公共图库。由于联系上的困难，我们与部分入选图片的作者未能取得联系，谨致深深的歉意。敬请图片原作者见到本书后，及时与我们联系，以便我们按国家有关规定支付稿酬并赠送样书。

联系邮箱：932389463@ qq. com

参考书目

1. 李宗山．中国史话：家具史话．北京：社会科学文献出版社，2012.
2. 嘉木．读图时代·中式家具图谱．长沙：湖南美术出版社，2011.
3. 伍嘉恩．明式家具二十年经眼录．北京：故宫出版社，2010.
4. 刘文哲．中国古代家具鉴定实例．北京：华龄出版社，2010.
5. 叔向．中国明式家具通览．济南：山东美术出版社，2010.
6. 叔向．中国清式家具通览．济南：山东美术出版社，2010.
7. 陈于书．家具史．北京：中国轻工业出版社，2009.
8. 大成．中国古代家具价值考成·柜箱类．北京：华龄出版社，2006.
9. 大成．中国古代家具价值考成·坐卧类．北京：华龄出版社，2006.
10. 大成．中国古代家具价值考成·架格类．北京：华龄出版社，2006.
11. 大成．中国古代家具价值考成·几案类．北京：华龄出版社，2006.
12. 铁源．古代木器家具．北京：华龄出版社，2005.
13. 濮安国．明清家具鉴赏．杭州：西泠印社，2004.
14. 阮长江．新编中国历代家具图录大全．南京：江苏科学技术出版社，2001.

中国传统民俗文化丛书

一、古代人物系列（9 本）

1. 中国古代乞丐
2. 中国古代道士
3. 中国古代名帝
4. 中国古代名将
5. 中国古代名相
6. 中国古代文人
7. 中国古代高僧
8. 中国古代太监
9. 中国古代侠士

二、古代民俗系列（8 本）

1. 中国古代民俗
2. 中国古代玩具
3. 中国古代服饰
4. 中国古代丧葬
5. 中国古代节日
6. 中国古代面具
7. 中国古代祭祀
8. 中国古代剪纸

三、古代收藏系列（16 本）

1. 中国古代金银器
2. 中国古代漆器
3. 中国古代藏书
4. 中国古代石雕
5. 中国古代雕刻
6. 中国古代书法
7. 中国古代木雕
8. 中国古代玉器
9. 中国古代青铜器
10. 中国古代瓷器
11. 中国古代钱币
12. 中国古代酒具
13. 中国古代家具
14. 中国古代陶器
15. 中国古代年画
16. 中国古代砖雕

四、古代建筑系列（12 本）

1. 中国古代建筑
2. 中国古代城墙
3. 中国古代陵墓
4. 中国古代砖瓦
5. 中国古代桥梁
6. 中国古塔
7. 中国古镇
8. 中国古代楼阁
9. 中国古都
10. 中国古代长城
11. 中国古代宫殿
12. 中国古代寺庙

五、古代科学技术系列（14 本）

1. 中国古代科技
2. 中国古代农业
3. 中国古代水利
4. 中国古代医学
5. 中国古代版画
6. 中国古代养殖
7. 中国古代船舶
8. 中国古代兵器
9. 中国古代纺织与印染
10. 中国古代农具
11. 中国古代园艺
12. 中国古代天文历法
13. 中国古代印刷
14. 中国古代地理

六、古代政治经济制度系列（13 本）

1. 中国古代经济
2. 中国古代科举
3. 中国古代邮驿
4. 中国古代赋税
5. 中国古代关隘
6. 中国古代交通
7. 中国古代商号
8. 中国古代官制
9. 中国古代航海
10. 中国古代贸易
11. 中国古代军队
12. 中国古代法律
13. 中国古代战争

七、古代文化系列（17 本）

1. 中国古代婚姻
2. 中国古代武术
3. 中国古代城市
4. 中国古代教育
5. 中国古代家训
6. 中国古代书院
7. 中国古代典籍
8. 中国古代石窟
9. 中国古代战场
10. 中国古代礼仪
11. 中国古村落
12. 中国古代体育
13. 中国古代姓氏
14. 中国古代文房四宝
15. 中国古代饮食
16. 中国古代娱乐
17. 中国古代兵书

八、古代艺术系列（11 本）

1. 中国古代艺术
2. 中国古代戏曲
3. 中国古代绘画
4. 中国古代音乐
5. 中国古代文学
6. 中国古代乐器
7. 中国古代刺绣
8. 中国古代碑刻
9. 中国古代舞蹈
10. 中国古代篆刻
11. 中国古代杂技